现代铝加工生产技术丛书

主编 赵世庆 周 江

铝合金冷轧及薄板
生 产 技 术

尹晓辉 李 响 刘静安 蒋程非 编著

U0342250

北 京

冶金工业出版社

2021

内 容 简 介

本书是《现代铝加工生产技术丛书》之一，详细介绍了铝及铝合金冷轧技术、工艺与设备等。全书共分9章，内容包括：概论、铝及铝合金轧制原理、铝合金冷轧产品的厚度控制、铝合金冷轧的板形控制技术、铝及铝合金冷轧工艺、铝合金冷轧设备、铝合金冷轧板带材的热处理技术、铝及铝合金薄板的精整技术、铝合金冷轧板带材的质量控制与主要缺陷分析等。在内容组织和结构安排上，力求理论联系实际，切合生产实际需要，突出实用性、先进性和行业特色，为读者提供一本实用的技术著作。

本书是铝加工生产企业工程技术人员必备的技术读物，也可供从事有色金属材料与加工的科研、设计、教学、生产和应用等方面的技术人员与管理人员使用，同时可作为大专院校有关专业师生的参考书。

图书在版编目（CIP）数据

铝合金冷轧及薄板生产技术/尹晓辉等编著 . —北京：冶金工业出版社，2010.10（2021.1 重印）

（现代铝加工生产技术丛书）

ISBN 978-7-5024-5347-3

Ⅰ. ①铝… Ⅱ. ①尹… Ⅲ. ①铝合金—冷轧—生产工艺 ②铝合金—薄板—生产技术 Ⅳ. ①TG339

中国版本图书馆 CIP 数据核字（2010）第 177570 号

出 版 人 苏长永

地　　址 北京市东城区嵩祝院北巷 39 号　邮编　100009　电话　(010)64027926

网　　址 www. cnmip. com. cn　电子信箱　yjcbs@ cnmip. com. cn

责任编辑 张登科　美术编辑 李　新　版式设计 葛新霞

责任校对 卿文春　责任印制 禹　蕊

ISBN 978-7-5024-5347-3

冶金工业出版社出版发行；各地新华书店经销；北京虎彩文化传播有限公司印刷

2010 年 10 月第 1 版，2021 年 1 月第 3 次印刷

148mm×210mm；9.625 印张；285 千字；291 页

42.00 元

冶金工业出版社　投稿电话　(010)64027932　投稿信箱　tougao@ cnmip. com. cn

冶金工业出版社营销中心　电话　(010)64044283　传真　(010)64027893

冶金工业出版社天猫旗舰店　yjgycbs. tmall. com

（本书如有印装质量问题，本社营销中心负责退换）

《现代铝加工生产技术丛书》

主要参编单位

西南铝业（集团）有限责任公司

东北轻合金有限责任公司

中国铝业股份有限公司西北铝加工分公司

北京有色金属研究总院

广东凤铝铝业有限公司

广东中山市金胜铝业有限公司

上海瑞尔实业有限公司

《丛书》前言

　　节约资源、节省能源、改善环境越来越成为人类生活与社会持续发展的必要条件，人们正竭力开辟新途径，寻求新的发展方向和有效的发展模式。轻量化显然是有效的发展途径之一，其中铝合金是轻量化首选的金属材料。因此，进入21世纪以来，世界铝及铝加工业获得了迅猛的发展，铝及铝加工技术也进入了一个崭新的发展时期，同时我国的铝及铝加工产业也掀起了第三次发展高潮。2007年，世界原铝产量达3880万t（其中：废铝产量1700万t），铝消费总量达4275万t，创历史新高；铝加工材年产达3200万t，仍以5%~6%的年增长率递增；我国原铝年产量已达1260万t（其中：废铝产量250万t），连续五年位居世界首位；铝加工材年产量达1176万t，一举超过美国成为世界铝加工材产量最大的国家。与此同时，我国铝加工材的出口量也大幅增加，我国已真正成为世界铝业大国、铝加工业大国。但是，我们应清楚地看到，我国铝加工材在品种、质量以及综合经济技术指标等方面还相对落后，生产装备也不甚先进，与国际先进水平仍有一定差距。

　　为了促进我国铝及铝加工技术的发展，努力赶超世界先进水平，向铝业强国和铝加工强国迈进，还有很多工作要做：其中一项最重要的工作就是总结我国长期以来在铝加工方面的生产经验和科研成果；普及和推广先进铝加工技术；提出我国进一步发展铝加工的规划与方向。

　　几年前，中国有色金属学会合金加工学术委员会与冶金工业出版社合作，组织国内20多家主要的铝加工企业、科研院所、大专院校的百余名专家、学者和工程技术人员编写出版了大型工具书——《铝加工技术实用手册》，该书出版后受到广大读者，特别是铝加工企业工程技术人员的好评，对我国铝加工业的发展起到一定的促进作用。但由于铝加工工业及技术涉及面广，内容十分丰富,《铝加工技术实用手册》因篇幅所限,有些具体工艺还不尽深入。因此,有读者反映,能有一套针对性和实用性更强的生产技术类《丛书》与之配套,相辅相成,互相补充,将能更好地满足读者的需要。为此,中国有色金属学会合金加工学术委员会与冶金工业出版社计划在"十一五"期间,组织国内铝加工行业的专家、学者和工程技术人员编写出版《现代铝加工生产技术丛书》(简称《丛书》),以满足读者更广泛的需求。《丛书》要求突出实用性、先进性、新颖性和可读性。

《丛书》第一次编写工作会议于2006年8月20日在北戴河召开。会议由中国有色金属学会合金加工学术委员会主任谢水生主持,参加会议的单位有:西南铝业(集团)有限责任公司、东北轻合金有限责任公司、中国铝业股份有限公司西北铝加工分公司、北京有色金属研究总院、广东凤铝铝业有限公司、华北铝业有限公司的代表。会议成立了《丛书》编写筹备委员会,并讨论了《丛书》编写和出版工作。2006年年底确定了《丛书》的编写分工。

第一次《丛书》编写工作会议以后,各有关单位领导十分重视《丛书》的编写工作,分别召开了本单位的编写工作会议,将编写工作落实到具体的作者,并都拟定了编写大纲和目录。中国有色金属学会的领导也十分重视《丛书》的编写工作,将《丛书》的编写出版工作列入学会的2007~2008年工作计划。

为了进一步促进《丛书》的编写和协调编写工作,编委会于2007年4月12日在北京召开了第二次《丛书》编写工作会议。参加会议的有来自西南铝业(集团)有限责任公司、东北轻合金有限责任公司、中国铝业股份有限公司西北铝加工分公司、北京有色金属研究总院、广东凤铝铝业有限公司、上海瑞尔实业有限公司、广东中山市金胜铝业有限公司、华北铝业有限公司和冶金工业出版社的代表21位同志。会议进一步修订了《丛书》各册的编写大纲和目录,落实和协调了各册的编写工作和进度,交流了编写经验。

为了做好《丛书》的出版工作,2008年5月5日在北京召开了第三次《丛书》编写工作会议。参加会议的单位有：西南铝业（集团）有限责任公司、东北轻合金有限责任公司、中国铝业股份有限公司西北铝加工分公司、北京有色金属研究总院、广东凤铝铝业有限公司、广东中山市金胜铝业有限公司、上海瑞尔实业有限公司和冶金工业出版社，会议代表共 18 位同志。会议通报了编写情况，协调了编写进度，落实了各分册交稿和出版计划。

《丛书》因各分册由不同单位承担，有的分册是合作编写，编写进度有快有慢。因此，《丛书》的编写和出版工作是统一规划，分步实施，陆续尽快出版。

由于《丛书》组织和编写工作量大，作者多和时间紧，在编写和出版过程中，可能会有不妥之处，恳请广大读者批评指正，并提出宝贵意见。

另外，《丛书》编写和出版持续时间较长，在编写和出版过程中，参编人员有所变化，敬请读者见谅。

《现代铝加工生产技术丛书》编委会

2008 年 6 月

前　言

　　冷轧是变形铝合金板带生产的最后一道工序，也是铝合金板带材产品性能、表面质量、尺寸精度控制的关键工序，铝合金板带材经过冷轧工序后将直接供给市场，因此，冷轧工序的质量控制将直接影响到产品的使用效果。通过研究冷轧技术、工艺及装备水平来提高冷轧工序质量和控制能力，对提高铝合金板带材的产品质量有着极其重要的意义。

　　为了实现铝合金板带材冷轧产品高效、优质生产，一些国家的政府、企业界、学术界均投入了大量人力、物力和财力开展研发工作，并取得了许多可喜成果，如在线厚度自动控制技术、在线板形控制技术等。近年来我国也开展了大量工作，并在冷轧工艺、技术及装备制造方面有了一些突破性的进展，如以易拉罐用铝材为代表的高精尖铝合金板带材的产品质量已接近国际先进水平。但总体来看，我国在铝合金板带材冷轧技术方面与国际先进水平仍有一定差距。因此，在中国有色金属学会合金加工学术委员会与冶金工业出版社的组织下，作者在总结了多年来在生产第一线从事铝加工的实际经验和科研开发成果的基础上，参考和吸收了大量的最新的文献资料和科研生产成果，编写了本书，以期对我国铝合金冷轧技术、工艺和设备的发展有所裨益。

　　本书详细介绍了铝及铝合金冷轧技术、工艺与设备等。全书共分9章，内容包括：概论、铝及铝合金轧制原理、铝合金冷轧产品的厚度控制、铝合金冷轧的板形控制技术、铝及铝合金冷轧工艺、铝合金冷轧设备、铝合金冷轧板带材的热处理技术、铝及铝合金薄板的精整技术、铝合金冷轧板带材的质量控制与主要缺陷分析等。在内容组织和结构安排上，力求理论联系实际，切合生产实际需要，突出实用性、先进性和行业特色，为读者提供一本实用的技术著作。

本书是铝加工生产企业工程技术人员必备的技术读物，也可供从事有色金属材料与加工的科研、设计、教学、生产和应用等方面的技术人员与管理人员使用，同时可作为大专院校有关专业师生的参考书。

本书第 1 章由尹晓辉、刘静安编写，第 2 章由李响、尹晓辉编写，第 3 章由李响、刘钺编写，第 4 章由龚平、蒋程非编写，第 5 章由李响、刘钺编写，第 6 章由喻彬、龚平编写，第 7 章由高晓玲、蒋程非编写，第 8 章由周建波、李响编写，第 9 章由刘钺、罗庆伟编写，附录由李响、喻彬、龚平整理，全书由刘静安教授、谢水生教授校核和审定。在本书的编写过程中，作者参考了国内外有关专家、学者的一些文献资料、技术论著和西南铝业（集团）有限责任公司及其他铝加工企业的图表、数据等技术资料，并得到中国有色金属学会合金加工学术委员会和冶金工业出版社的支持，在此一并表示衷心感谢！

由于作者水平有限，书中不妥之处，敬请广大读者提出宝贵意见。

作 者
2010 年 8 月

目　　录

1 概　　论

1.1　铝及铝合金轧制

1.1.1　铝及铝合金轧制方法的分类与工作原理

铝及铝合金轧制方法从坯料的供应方式上可以分为铸锭轧制法、连续铸轧法和连铸连轧法，如图 1-1 所示。

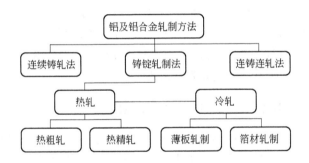

图 1-1　铝及铝合金轧制方法分类

连续铸轧是直接将金属熔体"轧制"成半成品带坯或成品带材的工艺，这种工艺的显著特点是其结晶器为两个带水冷系统的旋转铸轧辊，熔体在其辊缝间完成凝固和热轧两个过程，而且是在很短的时间内（2~3s）完成的。

连铸连轧是通过连续铸造机将铝及铝合金熔体铸造成一定厚度或一定截面形状的铸锭，随后经单机架、双机架或多机架热轧机直接轧制成供冷轧所使用的板带坯或其他成品。虽然铸造与轧制是两个独立的工序，但由于是集中在同一条生产线上连续地进行，因而实现了连铸连轧生产过程。

连续铸轧与连铸连轧是两种不同的轧制方法，但两种方法均是将熔炼、铸造、轧制集中于一条生产线，从而实现了连续性生产，缩短了常规的熔炼—铸造—铣面—加热—热轧的间断式生产流程。连续铸轧与连铸连轧的优势在于省去了铸锭轧制方法的热轧工序，更有利于节约能源，但由于板坯连铸厚度的限制，产品的规格受到一定限制，可调控最终制品组织、性能的工艺环节少，从物理冶金的角度来看，在控制产品组织状态方面存在一定的缺陷，产品品种受到限制，目前连续铸轧与连铸连轧主要用于生产 1×××系和 3×××系产品。

铸锭轧制是传统的铝及铝合金板带材轧制方法，根据轧制温度的不同，可分为热轧和冷轧。热轧是指在金属再结晶温度以上进行的轧制，它充分利用金属高温下良好的塑性，加工率大，生产率和成品率高。当采用铸锭轧制方案生产铝及铝合金板带材时，一般用热轧开坯后再交下道工序进行处理。冷轧是指在金属再结晶温度以下进行的轧制，冷轧产生加工硬化，金属的强度和变形抗力增加，伴随着塑性降低。根据轧制成品厚度的不同，冷轧又可分为薄板轧制和箔材轧制，其中箔材轧制通常简称为箔轧，其轧制成品厚度一般小于 0.2mm，而通常所说的冷轧一般是指薄板轧制。

1.1.2　铝及铝合金冷轧的特点及适用范围

由于冷轧是在金属再结晶温度以下轧制，在轧制过程中不会出现动态再结晶，产品温度只可能上升到回复温度，因此冷轧将产生加工硬化。铝及铝合金经过冷轧后，材料的强度和变形抗力增加，同时塑性也将降低。

冷轧的应用非常广泛，凡热轧后要求继续轧制，而且性能、组织、表面质量及尺寸精度要求较高的产品都要进行冷轧。冷轧主要用于生产热处理不可强化的铝及铝合金，如 1×××系、3×××系、5×××系和 8×××系产品，2×××系、6×××系和 7×××系等硬铝合金也可进行冷轧。

1.1.3　铝及铝合金冷轧时的组织与性能变化

1.1.3.1　冷变形时铝及铝合金内部组织的变化

A　晶粒形状的变化

铝及铝合金材经冷轧后，随着外形的改变，晶粒皆沿最大主变形发展方向被拉长、拉细或压扁。冷变形程度越大，晶粒形状变化也越大。在晶粒被拉长的同时，晶间的夹杂物也随着拉长，使冷轧后的金属出现纤维组织。

B 亚结构

金属晶体经过充分冷塑性变形后，在晶粒内部出现了许多取向不同、大小约为 $10^{-3} \sim 10^{-6}$ cm 的小晶块，这些小晶块（或小晶粒间）的取向差不大（小于 1°），所以它们仍然维持在同一个大晶粒范围内，这些小晶块称为亚晶，这种组织称为亚结构（或镶嵌组织）。亚晶的大小、完整程度、取向差与材料的纯度、变形量和变形温度有关。当材料中含有杂质和第二相时，在变形量大和变形温度低的情况下，形成的亚晶小，亚晶间的取向差大，亚晶的完整性差（即亚晶内晶格的畸变大）。冷变形过程中，亚晶结构对金属的加工硬化起重要作用，由于各晶块的方位不同，其边界又为大量位错缠结，对晶内的进一步滑移起阻碍作用。因此，亚结构可提高铝及铝合金材料的强度。

C 变形织构

铝及铝合金在冷变形过程中，内部各晶粒间的相互作用及变形发展方向因受外力作用的影响，晶粒要相对于外力轴产生转动，而使其动作的滑移系有朝着作用力轴的方向（或最大主变形方向）做定向旋转的趋势。在较大冷变形程度下，晶粒位向由无序状态变成有序状态的情况，称为择优取向，由此所形成的纤维状组织，因具有严格的位向关系，称为变形织构。变形织构可分为丝织构（如在拉丝、挤压、旋锻条件下形成的织构）和板织构（如轧制织构）。具有冷变形织构的材料进行退火时，由于晶粒位向趋于一致，总有某些位向的晶块易于形核长大，往往形成具有织构的退火组织，这种组织称为再结晶织构。

冷变形材料中形成变形织构的特性，取决于变形程度、主变形图和合金的成分与组织。变形程度越大，变形状态越均匀，织构越明显。主变形图对产生织构有决定性的影响，如拉伸、拉丝和圆棒挤压时可得到丝织构，而宽板轧制、带材轧制和扁带拉伸时可得到板织构等。织构使材料具有明显的各向异性，在很多情况下会出现织构硬化。在实际生产中，要控制变形条件，充分利用其有利的方面，避免其不利的方面。

D 晶内及晶间的破坏

因滑移（位错的运动及其受阻、双滑移、交叉滑移等）、双晶等过程的复杂作用以及晶粒所产生的相对移动与转动，造成了在晶粒内部及晶粒间界处出现一些显微裂纹、空洞等缺陷使铝材密度减小，是造成显微裂纹和宏观破断的根源。

1.1.3.2 冷变形对铝及铝合金材性能的影响

A 理化性能

（1）密度。冷变形后，因晶内及晶间出现了显微裂纹或宏观裂纹、裂口空洞等缺陷，使铝材密度减小。

（2）电阻。晶间物质的破坏使晶粒直接接触、晶粒位向有序化、晶间及晶内破裂等，都对电阻的变化有明显的影响。前两者使电阻随变形程度的增加而减小，后者则相反。

（3）化学稳定性。经冷变形后，材料内能增高，使其化学性能更不稳定，而易被腐蚀，特别是易于产生应力腐蚀。

B 化学性能

铝及铝合金经冷变形后，由于发生了晶内及晶间的破坏，晶格产生了畸变以及出现了第二类残余应力等，使塑性指标急剧下降，在极限状态下可能接近于完全脆性的状态；另外，由于晶格畸变、位错增多、晶粒被拉长细化以及出现亚结构等，其强度指标大大提高，即出现加工硬化现象。

C 织构与各向异性

铝及铝合金材经较大冷变形后，由于出现织构而使材料呈现各向异性。例如，铝合金薄板在深冲时易出现明显的制耳。应合理控制加工条件并充分利用织构与各向异性的有利方面，避免或消除其不利的方面。

1.2 铝及铝合金冷轧产品

1.2.1 铝及铝合金冷轧产品的分类

1.2.1.1 铝及铝合金的分类

纯铝比较软，富有延展性，易于塑性成形。在纯铝中可以添加各种合金元素，制造出满足各种性能、功能和用途的铝合金。根据加入合金元素的种类、含量及合金的性能，铝合金可分为变形铝合金和铸造铝合金，如图1-2中1和2所示。

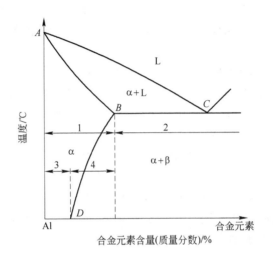

图1-2　铝合金状态分类示意图

1—变形铝合金；2—铸造铝合金；3—不能热处理
强化的铝合金；4—可热处理强化的铝合金

在变形铝合金中，合金元素含量比较低，一般不超过极限溶解度 B 点成分。按成分和性能特点，可将变形铝合金分为不可热处理强化铝合金和可热处理强化铝合金两大类。不可热处理强化的铝合金和热处理强化效果不明显的铝合金的合金元素含量小于图1-2中的 D 点。可热处理强化铝合金的合金元素含量对应于图1-2中 D 点与 B 点之间的合金含量，这类铝合金中溶质原子的固溶度随温度的变化而变化，因此通过热处理能显著提高力学性能。

　　A　变形铝合金的分类

　　变形铝合金的分类方法很多，目前，世界上绝大部分国家通常按以下三种方法进行分类：

　　（1）按合金状态图及热处理特点分为不可热处理强化铝合金和可热处理强化铝合金两大类。不可热处理强化铝合金有：纯铝、

Al-Mn、Al-Mg、Al-Si 系合金等。可热处理强化铝合金有：Al-Mg-Si、Al-Cu、Al-Zn-Mg 系合金等。

（2）按合金性能和用途可分为：工业纯铝、切削铝合金、耐热铝合金、低强度铝合金、中强度铝合金、高强度铝合金（硬铝）、超高强度铝合金（超硬铝）、防锈铝合金、锻造铝合金及特殊铝合金等。

（3）按合金中所含主要元素成分可分为：工业纯铝（1×××系），Al-Cu 合金（2×××系），Al-Mn 合金（3×××系），Al-Si 合金（4×××系），A1-Mg 合金（5×××系），Al-Mg-Si 合金（6×××系），Al-Zn-Mg-Cu 合金（7×××系），1×××系~7×××系以外合金（8×××系）及备用合金组（9×××系）。

这三种分类方法各有特点，有时相互交叉，相互补充。在工业生产中，大多数国家按第三种方法，即按合金中所含主要元素成分的 4 位数码法分类。这种分类方法能较本质地反映合金的基本性能，也便于编码、记忆和计算机管理。我国目前也采用 4 位数码法分类。

B　铸造铝合金的分类

铸造铝合金具有与变形铝合金相同的合金体系和强化机理（除应变硬化外），同样可分为热处理强化型和非热处理强化型两大类。铸造铝合金与变形铝合金的主要差别在于，铸造铝合金中合金元素硅的最大含量超过多数变形铝合金中的硅含量，一般都超过极限溶解度 B 点（图 1-2）。铸造铝合金除含有强化元素之外，还必须含有足够量的共晶型元素（通常是硅），以使合金有相当的流动性，易于填充铸造时铸件的收缩缝。目前，世界各国已开发出了大量供铸造的铝合金，但目前基本的合金只有以下 6 类：

（1）Al-Cu 铸造铝合金；

（2）Al-Cu-Si 铸造铝合金；

（3）Al-Si 铸造铝合金；

（4）Al-Mg 铸造铝合金；

（5）Al-Zn-Mg 铸造铝合金；

（6）Al-Sn 铸造铝合金。

铸造铝合金系目前国际上无统一标准，各国都有自己的合金命名及术语。

根据美国铝业协会（AA）规定，铸造铝合金用三位数字加小数点表示，小数点后是"0"（即×××.0），表示纯铝及铝合金铸件成分，小数点后是"1"或"2"（即×××.1或×××.2）表示纯铝或铝合金铸锭。牌号的第一位是"1"表示铸造纯铝，第一位是"2"、"3"、"4"、"5"、"7"、"8"表示铸造铝合金。

美国铝业协会的分类法如下：

1××.×：控制非合金化的成分；

2××.×：含铜且铜作为主要合金元素的铸造铝合金；

3××.×：含镁和（或）铜的铝硅合金；

4××.×：二元铝硅合金；

5××.×：含镁且镁为主要合金元素的铸造铝合金，通常还含有铜、硅、铬、锰等元素；

6××.×：目前尚未使用；

7××.×：含锌且锌作为主要合金元素的铸造铝合金；

8××.×：1××.×~7××.×以外合金。

UNS 数字系统用 A 加五位数字表示铸造纯铝及铝合金。ISO 标准的铸造纯铝及铝合金中，纯铝铸锭用 Al 加 99 及小数点表示，小数点后为 0，表示铝含量有效值为 99%，例如铝含量为 99.00%，牌号表示为 Al99.0。小数点后数字为 5、7、8 表示铝含量的小数点后的有效值，例如 Al99.5、Al99.7 等表示铝含量为 99.5%、99.7%。铸造铝合金用 Al 加元素符号及元素的平均含量表示，牌号前加标准号。ISO 铸造铝合金标准号有 R164、R2147 及 3522，例如 3522AlCuMgTi、R164AlCuMgTi、R2147AlCuMgTi 等。美国"AA"、"UNS"及"ISO"的铸造纯铝及铝合金牌号及化学成分可参阅有关参考文献。

1.2.1.2　冷轧用典型铝及铝合金

冷轧用铝及其合金全部为变形铝合金，包含在 1×××系~8×××系等合金中，其典型铝及铝合金的主要特性如表1-1所示。

表 1-1　冷轧用典型铝及铝合金的主要特性

分 类	合金系	特 性	特色合金
1×××系	工业纯铝	导电性、耐腐蚀性、焊接性能好，强度低	1050、1060、1100、1235
2×××系	Al-Cu 合金	强度高，耐热性能和加工性能良好	2A12、2024
3×××系	Al-Mn 合金	耐腐蚀性能、焊接性能好，塑性好	3003、3104
5×××系	Al-Mg 合金	耐蚀性能、焊接性能好，抗疲劳强度好，不可热处理强化，只能冷加工提高强度	5052、5182
6×××系	Al-Mg-Si 合金	耐蚀性高，焊接性能好，	6061、6063
7×××系	Al-Zn 合金	超高强度合金，耐腐蚀性能好，韧性好，易加工	7005、7075
8×××系	1××× ~ 7×××以外合金	塑性、深冲性能良好	8011

1.2.2　铝及铝合金冷轧产品的主要用途

铝及铝合金冷轧产品除具有铝材的密度低、抗腐蚀能力强、易于加工等特点外，还具有尺寸精度高、表面质量好、光泽度高、板形质量好、组织与性能均匀、易于加工到很薄的厚度等多种优势，因此，在包装、印刷、装饰、家电、医药等行业得到广泛的运用。由于不同合金系列的使用性能的较大差异，决定其用途各不相同。

1.2.2.1　1×××系铝材

1×××系表示工业用纯铝，以 1100、1235 为代表，两者都是 99.00% 以上纯铝系材料。本系材料的优点是加工性、耐蚀性、焊接性都良好，但是强度稍低，适合构造用材料，主要用于家庭用品、日用品、电气器具等方面。纯铝材料主要含有的不纯物是 Fe、Si，因其不纯物含量比较少，所以它的耐蚀性良好，经过阳极氧化处理后可以改善其表面的光泽，因此用于化学、食品工业用的储槽、铭板和反射板。另外，1050、1060 具有良好的电气传导性、热传导性，用于输送配电用材料和散热材料。

1.2.2.2　2×××系合金

2×××系铝合金是以铜为主要合金元素的铝合金，它包括了Al-Cu-Mg合金、Al-Cu-Mg-Fe-Ni 合金和 Al-Cu-Mn 合金等，这些合金均属热处理可强化铝合金。合金的特点是强度高，通常称为硬铝合金，其耐热性能和加工性能良好，但耐蚀性不如大多数其他铝合金，在一定条件下会产生晶间腐蚀，因此，板材往往需要包覆一层纯铝，或一层对芯板有电化学保护的 6×××系铝合金，以提高其耐腐蚀性能。其中，Al-Cu-Mg-Fe-Ni 合金具有极为复杂的化学组成和相组成，它在高温下有高的强度，并具有良好的工艺性能，主要用于 150 ~ 250℃以下工作的耐热零件；Al-Cu-Mn 合金的室温强度虽然低于 Al-Cu-Mg 合金 2A12 和 2024，但在 225~250℃或更高温度下强度却比二者高，并且合金的工艺性能良好，易于焊接，主要应用于耐热可焊的结构件及锻件。该系合金广泛应用于航空和航天领域。

1.2.2.3　3×××系合金

3003 是本系具有代表性的合金，因添加了锰，比纯铝的加工性、耐蚀性较差，但强度稍微高一点，其广泛用于容器、器物、建材方面。与 3003 相当的合金，而锰添加到 1% 的 3004、3104，是强度更高的合金，适用于彩色铝、铝罐体、屋顶板、门板等用途。

1.2.2.4　5×××系合金

本系合金镁添加量较少时多用于装饰材料和器物用材，添加量较多时应用于构造材方面，因此合金的种类很多。含中等浓度镁的合金如 5052、5182 是具有中等强度的代表性材料，5052 主要用于车辆的内装顶板、建材、器物材等方面；5182 主要用于易拉罐盖拉环等方面。

1.2.2.5　6×××系合金

6×××系铝合金是以镁和硅为主要合金元素并以 Mg_2Si 相为强化相的铝合金，属于热处理可强化铝合金。合金具有中等强度，耐蚀性高，无应力腐蚀破裂倾向，焊接性能良好，焊接区腐蚀性能不变，成形性和工艺性能良好等优点。当合金中含铜时，合金的强度可接近 2×××系铝合金，工艺性能优于 2×××系铝合金，但耐蚀性变差，合金有良好的可挤压性。6×××系合金中用得最广的是 6061 和

6063合金，它们具有最佳的综合性能，主要产品为挤压型材，是最佳挤压合金，该合金广泛用作建筑型材，也可作冷轧型材及管棒材之用。

1.2.2.6　7×××系合金

7×××系铝合金是以锌为主要合金元素的铝合金，属于热处理可强化铝合金。合金中加镁，则为 Al-Zn-Mg 合金，合金具有良好的热变形性能，淬火范围很宽，在适当的热处理条件下能够得到较高的强度，焊接性能良好，一般耐蚀性较好，有一定的应力腐蚀倾向，是高强可焊的铝合金。Al-Zn-Mg-Cu 合金是在 Al-Zn-Mg 合金基础上通过添加铜发展起来的，其强度高于2×××系铝合金，一般称为超高强铝合金，合金的屈服强度接近于抗拉强度，屈强比高，比强度也很高，但塑性和高温强度较低，宜做常温、120℃以下使用的承力结构件，合金易于加工，有较好的耐腐蚀性能和较高的韧性。该系合金广泛应用于航空和航天领域，并成为这个领域中最重要的结构材料之一。

1.2.2.7　8×××系合金

8×××系合金是1×××系~7×××系以外的合金，代表合金为8011，其深冲性能良好，主要用于生产酒瓶盖及化妆品瓶盖。

1.2.3　铝及铝合金冷轧产品的主要生产工艺流程

冷轧产品的毛料一般来源于热轧毛料或铸轧毛料，冷轧过程中，通过不同的热处理制度与冷轧工艺的搭配对其性能进行调控。由于产品质量要求的提高，冷轧后的产品一般需经过精整工序对表面质量、外观质量、尺寸规格进行处理之后才能交付使用。

对于毛料来源为热轧的冷轧产品，其工艺流程一般为：

熔铸 → 铣面 → 均热 → 加热 → 热轧 →

冷轧 → 退火 → 矫直 → 分切 → 包装

对毛料来源为铸轧的冷轧产品，其工艺流程一般为：

铸轧 → 均热 → 冷轧 → 退火 → 矫直 → 分切 → 包装

注：上述工艺流程中加了下划线的工序表示为选择性工序。其中均热工序根据产品要求进行选择，有的生产企业均热与加热同时进行；根据产品要求选择是否进行退火、退火程度、退火时机。

1.3 冷轧用铝及铝合金化学成分与性能

1.3.1 冷轧用典型铝及铝合金的化学成分

冷轧用典型铝及铝合金的化学成分如表 1-2 所示。

表 1-2　冷轧用典型铝及铝合金化学成分

牌号	化学成分/%													
	Fe	Si	Cu	Mn	Mg	Cr	Ni	Zn	V 或 Be	Ti	Zr	其 他		Al
												单个	合计	
1070	0.20	0.25	0.04	0.03	0.03		—	0.04	V:0.05	0.03		0.03		99.70
1060	0.25	0.35	0.05	0.03	0.03		—	0.05	V:0.05	0.03		0.03		99.60
1050	0.25	0.40	0.05	0.05	0.05		—	0.05	V:0.05	0.03		0.03		99.50
1100	Fe+Si:0.95		0.05 ~ 0.20	0.05			—	0.01	①			0.05	0.15	99.00
1235	Fe+Si:0.65		0.05	0.05	0.05		—	0.10	V:0.05	0.06		0.03		99.35
2A02	0.3	0.3	2.6 ~ 3.2	0.45 ~ 0.7	2.0 ~ 2.4		—	0.10	Be: 0.01	0.05		0.05	0.10	余量
2014	0.7	0.5 ~ 1.2	3.9 ~ 5.0	0.4 ~ 1.2	0.2 ~ 0.8	0.10	—	0.25		0.15		0.05	0.15	余量
3003	0.60	0.70	0.05 ~ 0.20	1.0 ~ 1.5			—	0.10				0.05	0.15	余量
3004	0.30	0.70	0.25	1.0 ~ 1.5	0.8 ~ 1.3		—	0.25				0.05	0.15	余量
5052	0.25	0.40	0.10	0.10	2.2 ~ 2.8	0.15 ~ 0.35	—	0.10				0.05	0.15	余量
5182	0.20	0.35	0.15	0.2 ~ 0.5	4.0 ~ 5.0	0.10	—	0.25		0.10		0.05	0.15	余量

牌号	化学成分/%													
	Fe	Si	Cu	Mn	Mg	Cr	Ni	Zn	V 或 Be	Ti	Zr	其 他		Al
												单个	合计	
6061	0.70	0.4 ~ 0.8	0.15 ~ 0.4	0.15	0.8 ~ 1.2	0.04 ~ 0.35	—	0.25		0.15		0.05	0.15	余量
6063	0.35	0.2 ~ 0.6	0.10	0.10	0.45 ~ 0.9	0.10	—	0.10		0.10		0.05	0.15	余量
7005	0.40	0.35	0.10	0.2 ~ 0.7	1.0 ~ 1.8	0.06 ~ 0.20	—	4.0 ~ 5.0		0.06	0.08 ~ 0.2	0.05	0.15	余量
7075	0.50	0.40	1.2 ~ 2.0	0.30	2.1 ~ 2.9	0.18 ~ 0.28	—	5.1 ~ 6.1		0.20		0.05	0.15	余量
8011	0.50 ~ 0.9	0.6 ~ 1.0	0.10	0.20	0.05	0.05	—	0.10		0.08		0.05	0.15	余量

①用于电焊条和堆焊时，铍含量不大于0.0008%。

1.3.2　冷轧用典型铝及铝合金的主要性能

1.3.2.1　铝及铝合金冷轧产品的主要状态

铝及铝合金冷轧产品的状态主要为 O 态、H 态及 T 状态。

O 态为退火状态，适用于经完全退火获得最低强度的加工产品。

H 态为加工硬化状态，适用于通过加工硬化提高强度的产品，产品在加工硬化后可经过（也可不经过）使强度有所降低的附加热处理。H 代号后面必须有两位或三位阿拉伯数字。

在 H 后添加两位（称作 H×× 状态）或三位（称作 H××× 状态）阿拉伯数字表示 H 的细分状态。铝及铝合金冷轧产品最常用 H×× 状态。

H 后面的第 1 位数字表示获得该状态的基本处理程序：

H1——单纯加工硬化状态。适用于未经附加热处理，只经加工硬化即可获得所需强度的状态。

H2——加工硬化及不完全退火状态。适用于加工硬化程度超过成品规定要求后，经不完全退火使强度降低到规定指标的产品。对于室温下自然时效软化的合金，H2 与对应的 H3 具有相同的最小极限抗拉强度值；对于其他合金，H2 与对应的 H1 具有相同的最小极限抗拉强度值，但伸长率比 H1 稍高。

H3——加工硬化及稳定化处理的状态。适用于加工硬化后经低温热处理或由于加工过程中的受热作用致使其力学性能达到稳定的产品。H3 状态仅适用于在室温下逐渐时效软化的合金。

H4——加工硬化及涂漆处理的状态。适用于加工硬化后，经涂漆处理导致了不完全退火的产品。

H 后面的第 2 位数字表示产品的加工硬化程度，用数字 1~9 表示。数字 8 表示硬状态。通常采用 O 状态的最小抗拉强度与表 1-3 规定的强度差值之和，来确定 HX8 状态的最小抗拉强度值。

表 1-3　HX8 状态与 O 状态的最小抗拉强度差值

O 状态的最小抗拉强度/MPa	HX8 状态与 O 状态的最小抗拉强度差值/MPa	O 状态的最小抗拉强度/MPa	HX8 状态与 O 状态的最小抗拉强度差值/MPa
≤40	55	165~200	100
45~60	65	205~240	105
65~80	75	245~280	110
85~100	85	285~320	115
105~120	90	≥325	120
125~160	95		

对于 O 状态和 HX8 状态之间的状态，应在 HX 代号后分别添加从 1 到 7 的数字来表示，在 HX 后添加数字 9 表示比 HX8 加工硬化程度更大的超硬状态。

T 状态主要体现在 2××× 系、6××× 系、7××× 系合金上，最具代表性的有 T2、T3、T8、T9、T10、T31、T36、T37 等状态。

T2——高温热加工冷却后冷加工，然后再进行自然时效的状态；

T3——固溶处理后进行冷加工，然后自然时效的状态；

T8——固溶处理后冷加工再人工时效的状态；

T9——固溶处理后人工时效，再经冷加工的状态；

T10——高温热加工冷却再冷加工及人工时效的状态；

T31、T36、T37——T3 状态材料分别受到 1%、6%、7%冷加工量的状态。

1.3.2.2　铝及铝合金冷轧产品的典型性能

铝及铝合金冷轧产品经轧制和热处理后可获得不同的性能，表 1-4 列出了冷轧用典型铝及铝合金的主要性能。

表 1-4　冷轧用典型铝及铝合金性能表

牌　号	状　态	厚度/mm	抗拉强度 R_m/MPa	规定非比例延伸强度 $R_{p0.2}$/MPa	断后伸长率 A_{50mm}/%	弯曲半径
			不小于			
1070	H18	>0.2~0.5	120		1	
		>0.5~0.8			2	
		>0.8~1.5			3	
		>1.5~3.0			4	
1060	H18	>0.2~0.3	125	85	1	
		>0.3~0.5			2	
		>0.5~1.5			3	
		>1.5~3.0			4	
1050	H18	>0.2~0.5	130		1	
		>0.5~0.8			2	
		>0.8~1.5			3	
		>1.5~3.0			4	
1100	H18	>0.2~0.5	150		1	
		>0.5~1.5			2	
		>1.5~3.0			4	
1235	H18	>0.2~0.5	145		1	
		>0.5~1.5			2	
		>1.5~3.0			3	
2011	T3	>2.0	379	296	15	
	T8	>2.0	407	310	12	

牌 号	状 态	厚度/mm	抗拉强度 R_m/MPa	规定非比例延伸强度 $R_{p0.2}$/MPa	断后伸长率 A_{50mm}/%	弯曲半径
			不小于			
2014	O	>2.0	186	97	18	
3003	H18	>0.2~0.5	190	170	1	1.5t
		>0.5~1.5			2	2.5t
		>1.5~3.0			2	3.0t
3004/3104	H18	>0.2~0.5	260	230	1	1.5t
		>0.5~1.5			1	2.5t
		>1.5~3.0			2	
5052	H18	>0.2~0.5	270	240	1	
		>0.5~1.5			2	
		>1.5~3.0			2	
5182	H19	>0.2~0.5	380	320	1	
		>0.5~1.5			1	
6061	O		124	55	25	
6063	O		90	48	20	
7005	O		193	83	20	
7039	O		277	103	22	
8011	H18	>0.2~0.5	165	145	1	
		>0.5~3.0			2	

1.4 铝及铝合金冷轧产业与技术概况

1.4.1 铝合金冷轧产业与技术的发展现状和趋势

1.4.1.1 铝合金冷轧设备与装备的发展

冷轧机根据控制技术分为老式轧机和新式轧机；根据轧制产品的不同可分为块片冷轧机和卷材冷轧机。卷材冷轧机根据机架数量分为单机架冷轧机和双机架或多机架冷连轧机；根据轧制方向分为可逆冷轧机和不可逆冷轧机；根据结构形式分为二辊、四辊、六辊及其他多辊冷轧机。根据控制技术分为 HC 轧机、UC 轧机、VC 轧机、CVC 轧机、UPC 轧机、PC 轧机等。

目前，国内最常用的分类方式为按机架数分类，对于单机架冷轧机最常用的分类方式是按结构形式和轧制方向分类。

单机架轧机根据轧制方向可分为可逆式轧机与不可逆式轧机两种。可逆式轧机结构较复杂、造价较高，具有生产辅助时间短、生产效率高等优势，但每改变一次轧制方向都必须调整压下、前后张力、工艺润滑及辊形等条件，才能轧出厚薄均匀及表面平直的带材，而且调整时轧制速度难以提高，轧制条件难以保持稳定，人工操作影响较大，因此使用并不普遍。

最早的冷轧机设计为二辊冷轧机，并多以片式为主，由于其效率低下，质量差，后发展为卷式生产。随着工业技术的发展以及市场需求的快速增长，对冷轧机生产效率提出了更高要求，冷轧铝带质量的要求越来越高，特别是带材的尺寸精度、轧制表面已成为重要的质量指标之一。轧机制造商开始采用多辊模式设计，其中比较普遍的为四辊冷轧机和六辊冷轧机。

为了提高板形质量，多年来国内外都在板形问题上做了许多研究工作。比较有成效的有 HC 轧机、CVC 技术及 DSR 技术等辊形控制轧机。

HC 轧机是 1972 年日本日立公司发明的，全称日立中心凸度高度控制轧机。

CVC 技术是德国 SMS 公司 1980 年开发的，它用于控制板截面形状和控制板形，原意为"凸度连续可调"（continuously variable crown）。

DSR（dynamic shape roll）（意为动态板形辊）技术是一种用于取代传统轧机支撑辊的新技术，为英国奥钢联金属技术公司开发的先进板形控制技术。DSR 的结构特点，使其在板形质量、厚度精度、成本消耗、投资费用等方面较传统轧机有明显的优越性。

为了提高生产效率，后来出现了多机架冷连轧轧机。表 1-5 列出了目前世界部分铝冷连轧轧机。

表1-5　世界部分铝冷连轧轧机

轧机所属公司	机架数	轧机制造商	投产日期/年	备　注
Sumitomo Light Metal Ind. Ltd.	2 机架冷连轧轧机	日　立	1973	
Mitsubishi Aluninam Co. Ltd.	2 机架冷连轧轧机	日　立	1973	
美铝田纳西铝厂	3 机架冷连轧轧机	SMS	1984	采用乳液，不使用轧制油
加铝洛根（Logan）工厂	3 机架冷连轧轧机	SMS	1990	四辊 CVC
南美钢铁	2 机架冷连轧轧机	DAVY		可逆冷轧机，有 2 个 DSR 辊
法国 Alunorf	2 机架冷连轧轧机	SMS	1991	四辊 CVC，双锥头式开卷卷取
法国 Pechiney	3 机架冷连轧轧机	DAVY		
神户真冈 KSL	2 机架冷连轧轧机		1991	六辊 CVC，支撑辊传动
中铝西南铝业（集团）有限责任公司	2 机架冷连轧轧机	SMS	2010	六辊 CVC

现代化冷轧机的主要设备组成有：上卷小车，开卷机，开卷直头装置，轧机入口侧装置，轧机主机座，轧机出口侧装置，板厚检测装置，板形检测装置，液压剪，卷取机，卸卷小车，上、卸套筒装置及套筒返回装置，轧辊润滑、冷却系统，轧制油过滤系统，快速换辊系统，轧机排烟系统，油雾过滤净化系统，CO_2 自动灭火系统，卷材储运系统，稀油润滑系统，高压液压系统，中压液压系统，低压（辅助）液压系统，直流或交流变频传动及其控制系统，板厚自动控制系统（AGC），板形自动控制系统（AFC），生产管理系统以及卷材预处理站等。有些现代化冷轧机旁还建有高架仓库，从而形成一个完善的生产体系。

洛根轧制厂是目前世界上最先进的铝板带轧制厂，它位于美国肯塔基州卢塞尔维尔市威特兰斯镇，是加拿大铝业公司控股的合资企业。1984 年建成，1992 年扩建，冷轧年产能达 60 万吨，居世界第三，仅罐料年产能就达 30 万吨，共有 19 类立体设备 1300 余台套，其核心设备是 3 机架冷连轧机列、轧制速度可达 1830m/min，是目前世界上最快的高速轧机之一。

世界最大的铝板带生产企业是加拿大铝业公司，总的年产能达 380 万吨，占世界的 22%。

1.4.1.2　铝合金冷轧工艺的发展

早期的铝冷轧机采用与热轧相同的润滑剂（乳液）进行润滑和冷却。乳液有水包油和油包水两种结构形式。铝冷轧机通常采用水包油。水包油乳液的基本组成是水、乳化剂和油，其中间是油，外面是水，乳化剂则把油和水拴住，使其稳定性较好。

随着冷轧机轧制速度的提高以及产品质量（特别是表面质量）的提高，轧机普遍采用全油轧制。润滑用轧制油主要包括矿物润滑油、动植物润滑油和合成润滑油三大类，实际应用中后两种已经很少采用，主要采用矿物润滑油。

随着铝加工的不断发展，轧制速度不断提高，全油润滑安全性较低的问题越来越突出，为了防止断带失火，需要投入大量的相关设备，因此，在一些高水平的冷轧厂，又重新开始研究并使用水基润滑，从而可以在冷轧机上不用配置成套的灭火装置。

1.4.2　我国铝合金冷轧产业与技术的发展现状和趋势

中国的铝板带箔轧制生产始于 1932 年上海华铝钢精厂的投产。从 1932 年至 1960 年是中国冷轧厂建设起步阶段，1956 年东轻厂从苏联引进 2 台 1700mm 四辊可逆式冷轧机以及配套齐全的辅助设备，可生产宽度 1500mm 以下的 1×××系~8×××系的所有铝合金板带材。1968~1977 年为我国铝加工的开拓时期，我国自行设计、制造以及建筑安装的西北铝加工厂及西南铝加工厂分别于 1968 年和 1970 年正式投产，标志着我国铝加工业布局进入了一个较为合理的时期，20 世纪 60 年代，中国第一重型机器厂为西南铝加工厂设计制造了 1 台 2800mm 冷轧机，并于 1970 年投产。自此，中国可以生产宽度达 2500mm 的各种加工铝合金板带材。70 年代末，东轻厂从意大利米诺公司引进了 1 台 900mm 四辊冷轧机，从德国阿申巴赫公司引进了 1 台 1200mm 四辊万能铝箔轧机。80 年代中后期，东轻厂与华北铝加工厂从米诺公司引进了四辊不可逆式 1400mm 冷轧机，华北铝加工厂从日本神户钢铁公司引进了 1600mm 冷轧机及箔轧机。此后，中国先后从意大利、日本、法国、德国、英国、美国等国家大量引进铝板、带、箔轧机及其配套设备。同时，中国还自行设计制造了一批轧机与各种辅助设备。

截至 2009 年底，中国已有 180 多个铝板带轧制企业，其中大中型企业 135 个，现代化四辊与六辊冷轧机 165 台，冷轧生产能力为 660 万吨/年，比美国的高 2.5%。2002 年至 2010 年冷轧能力增长 30% 以上，到 2010 年我国铝板带年生产能力可超过 850 万吨。在建和拟建的大型项目 12 个，将安装具有世界先进水平的大型宽幅高速冷轧机和国内自主研发的先进冷轧设备。由此可见，我国铝及铝合金轧制生产与设备正处于高速发展时期，中国不仅是世界的铝轧制大国，而且将成为世界铝轧制强国。

伴随着市场需求的不断增长和变化，近年来，我国铝轧制设备市场出现了多样化的要求，正在逐步向高精度化、宽幅化、高速化以及高水平和连续轧制的方向发展。主要呈现以下几方面的特点：（1）向高精度化方向发展：厚度测控高精度和板形控制高精度以及相关的液压和电控水平的提高，使轧机的性能大大提高。（2）向宽幅化方向发展：轧制技术的日渐成熟使轧机的幅面迅速扩大。目前，我国已能生产宽度达 2600mm 的热轧板、2000mm 冷轧板和 1800mm 的包装用铝箔。在热轧厚板方面，我国虽然能生产 2500mm × 80mm × 10000mm 的拉伸板，但与美国的 5440mm × 200mm × 30000mm 的拉伸厚板相比，仍有很大的差距。（3）向高速化方向发展：轧制速度大于 1200m/min 的高速轧机越来越多，目前，我国高速冷轧机和铝箔轧机的速度已达到 2500m/min 以上，但大部分轧制速度都在 1000m/min 以下，需要进行改造。（4）向高水平方向发展：高技术轧机中完善的工艺过程、自动化系统可保证生产达到最优化，其中包括：带材平直度控制、生产计划和控制、人工智能控制以及 CVC、UV、HC、DSR 等先进的自动控制技术。（5）向连续轧制方向发展：过去的连续轧制多用于热轧机，但近年来正在向高速、宽幅、特薄、高效连续铸轧，连铸连轧以及宽幅、高速热连轧和冷连轧方向发展。

2 铝及铝合金轧制原理

2.1 简单轧制过程

轧制过程是轧辊与轧件(金属)相互作用时,轧件被摩擦力拉入旋转的轧辊间,受到压缩发生塑性变形的过程。轧制过程使轧件获得一定形状和尺寸的同时,还使其具备一定的组织和性能。轧制是铝合金板带箔材主要的生产方法,另外,还可用于铝合金型材、线材、管材等产品的生产。以板材轧制过程为例,轧制变形区示意图如图 2-1 所示。

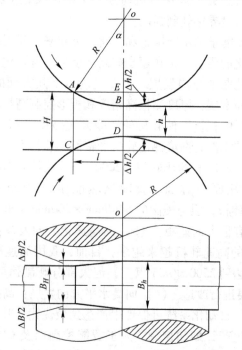

图 2-1　铝及铝合金板材轧制变形区示意图

H—轧件轧前厚度;h—轧件轧后厚度;B_H—轧件轧前宽度;B_h—轧件轧后宽度;

R—轧辊半径;l—接触弧长水平投影(变形区长度)

描述轧制变形区及变形过程的主要参数有以下几种：

（1）绝对压下量 ΔH。

$$\Delta H = H - h$$

（2）压下率（加工率 ε）。

由于轧制过程多为多道次，各道次压下率计算分别为：

$$\varepsilon_1 = \frac{H - h_1}{H} \times 100\%$$

$$\varepsilon_2 = \frac{h_1 - h_2}{h_1} \times 100\%$$

$$\varepsilon_n = \frac{h_{n-1} - h_n}{h_{n-1}} \times 100\%$$

而累积压下率为：

$$\varepsilon_\Sigma = \frac{H - h_n}{H} \times 100\%$$

累积压下率与道次压下率的关系为：

$$(1 - \varepsilon_\Sigma) = (1 - \varepsilon_1)(1 - \varepsilon_2)\cdots(1 - \varepsilon_n) \tag{2-1}$$

（3）绝对宽展量 Δb。

$$\Delta b = B_H - B_h$$

（4）绝对延伸系数 λ。

轧制过程中除了金属流动形成宽展外，主要沿轧制方向延伸。延伸系数可表示为：

$$\lambda = \frac{L_h}{L_H} = \frac{A_H}{A_h}$$

式中　L_H，L_h——分别为轧件轧前、轧后长度；

　　　A_H，A_h——分别为轧前、轧后横截面面积。

同样，轧制 n 道次后，总延伸系数 λ_Σ 为：

$$\lambda_\Sigma = \lambda_1 \lambda_2 \cdots \lambda_n \tag{2-2}$$

若不考虑宽展，延伸与压下的关系为：

$$\frac{L_h}{L_H} = \frac{H}{h} \tag{2-3}$$

或
$$\varepsilon = 1 - \frac{1}{\lambda} \tag{2-4}$$

（5）变形区平均厚度 $\bar{h}$。

$$\bar{h} = \frac{H + h}{2}$$

（6）变形区长度 l。

$$l = \sqrt{R\Delta h}$$

（7）变形区形状参数（几何因子）$\dfrac{l}{h}$。

$$\frac{l}{h} = \frac{2\sqrt{R\Delta h}}{H + h}$$

（8）咬入角（轧入角）α。

$$\alpha = \sqrt{\frac{\Delta h}{R}}$$

2.2　轧件的轧制过程

在一个轧制道次里，轧件的轧制过程可以分为开始咬入、拽入、稳定轧制和轧制终了（抛出）4 个阶段，如图 2-2 所示。

（1）开始咬入阶段：轧件开始接触到轧辊时，由于轧辊对轧件的摩擦力的作用实现了轧辊咬入轧件。开始咬入为一瞬间完成。

（2）拽入阶段：一旦轧件被旋转的轧辊咬入之后，由于轧辊对轧件的作用力变化，轧件逐渐被拽入辊缝，直至轧件完全充满辊缝为止。即轧件前端到达两辊连心线位置，这一过程时间很短，而且轧制变形、几何参数、力学参数等都在变化。

（3）稳定轧制阶段：轧件前端从辊缝出来后，轧制过程连续不断地稳定进行。整个轧件通过辊缝承受变形。

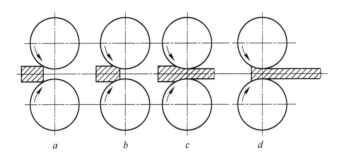

图 2-2 轧制过程示意图

a—开始咬入阶段；b—拽入阶段；c—稳定轧制阶段；d—轧制终了阶段

（4）轧制终了阶段：从轧件后端进入变形区开始，轧件与轧辊逐渐脱离接触，变形区逐渐变小，直至轧件完全脱离轧辊被抛出为止。此阶段时间也很短，其变形和力学参数等均也发生变化。

在一个轧制道次里，轧件被轧辊开始咬入、拽入、稳定轧制和抛出的过程，组成一个完整的连续进行的轧制过程。

稳定轧制是轧制过程的主要阶段。金属在变形区内的流动、变形与力的状况，以及为此而进行的工艺控制、产品质量与精度控制、设备设计等等，都是研究板带材轧制的主要对象。开始咬入阶段虽在瞬间完成，但它关系到整个轧制过程能否建立的先决条件。所以，无论是制定工艺，还是设计轧辊等，都要对此高度重视。至于拽入与抛出亦在瞬间完成，通常不影响轧制过程，一般不予研究。

2.2.1 轧件咬入条件

轧制过程能否建立，首先决定于轧件能否被旋转的轧辊咬入。因此，研究、分析轧辊咬入轧件的条件，具有重要的实际意义。轧辊咬入轧件是通过摩擦力实现的，因此，研究轧件的咬入条件，通常从轧件的受力分析入手。

轧件咬入时受力分析如图 2-3 所示，要满足轧件的咬入条件可以得到：

$$Q + 2T_x \geqslant 2P_x \tag{2-5}$$

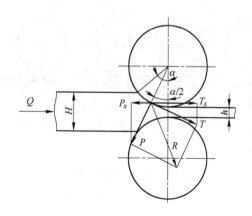

图2-3 轧制过程的受力分析图

式中 Q——后推力；

P_x——轧制力，$P_x = P\sin\alpha$；

T——摩擦力，$T = \mu P$，$T_x = \mu P\cos\alpha$。

代入式（2-5）中得：

$$\mu \geqslant \tan\alpha - \frac{Q}{2P\cos\alpha} \tag{2-6}$$

又 $\mu = \tan\beta$，β 为摩擦角。若不计后推力，$Q = 0$，则有：

$$\tan\beta \geqslant \tan\alpha \tag{2-7}$$

即

$$\beta \geqslant \alpha \tag{2-8}$$

所以，实现咬入条件为：

$$\beta \geqslant \alpha \quad （摩擦角大于咬入角） \tag{2-9}$$

$$\beta = \alpha_{max}（\alpha_{max} 为临界咬入角） \tag{2-10}$$

由于轧机能力的原因，对 α_{max} 有一定的限制，当 $\beta \geqslant \alpha$ 时，可实现自然咬入。但是，当摩擦系数过小时，若压下量较大，咬入角也较大，则无法满足自然咬入条件，轧件喂不进去。凡是影响摩擦系数的因素原则上都会对轧件咬入产生影响，如轧制温度、轧制速度等。

2.2.2 稳定轧制

随着轧件的咬入，接触压力水平分量 $P\sin\alpha$ 逐渐减小，轧件被摩擦力拽入辊缝，轧制过程建成。假设摩擦力沿接触弧平均分布，摩擦力作用点在接触弧中点，则有轧制建成所需的摩擦条件：

$$F\cos\frac{\alpha}{2} - P\sin\frac{\alpha}{2} \geqslant 0 \tag{2-11}$$

即有：

$$\beta \geqslant \frac{\alpha}{2} \tag{2-12}$$

对比咬入条件，只要能自然咬入，即可满足稳定轧制条件。当 $\beta = \dfrac{\alpha}{2}$ 时，摩擦系数称之为最小允许摩擦系数 $\mu_{\min}$。此时，既不发生轧辊打滑现象，又不产生轧制过程前滑现象。估算 $\mu_{\min}$ 对确保轧制过程的稳定进行具有重要的理论和实际意义。

在实际轧制过程中，轧辊产生弹性压扁，变形后的轧辊直径可用Hitchcock 公式计算。对于实际冷轧过程及采用工艺润滑条件下的轧辊压扁直径可近似认为是原辊径的两倍，即 $D' = 2D$，那么有：

$$\mu_{\min} = \frac{\alpha}{2} = \frac{1}{2}\sqrt{\frac{\Delta h}{R}} = \sqrt{\frac{H\varepsilon}{2D'}} = \frac{1}{2}\sqrt{\frac{H\varepsilon}{D}} \tag{2-13}$$

若考虑前、后张力，可得到：

$$\mu_{\min} = \frac{1}{2}\Big[1 + \frac{\tau_H - (1-\varepsilon)\,\tau_h}{K'\varepsilon}\Big]\sqrt{\frac{H\varepsilon}{D}} \tag{2-14}$$

式中　　τ_h，τ_H——前、后张力；

　　　　K'——材料平面变形抗力。

2.2.3 改善咬入的措施

比较式（2-12）与式（2-13）不难发现，轧制建立所需的摩擦条件仅为咬入时的一半，即一旦轧制过程建成，有一半以上的摩擦是多余的，多余的摩擦被称为剩余摩擦。剩余摩擦必须以另一种方式消耗掉，其中一部分推动前沿区金属流动速度大于轧辊线速度，即产生前滑；另一部分在后滑区用来平衡前滑区的摩擦力，它们之间的关系如图 2-4 所示。

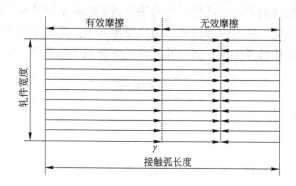

图 2-4　有效摩擦与剩余摩擦的关系

根据对轧件咬入条件、轧制建成条件和轧制建成后剩余摩擦的理论分析，可以得到改善轧制过程轧件的咬入措施，即增加咬入时的摩擦系数、减少咬入时的加工率、利用剩余摩擦。具体做法有：

（1）轧件前端做成锥形或圆弧形，以减小咬入角，随后可增加压下量；

（2）给轧件施以沿轧制方向的水平力，如用工具将轧件推入辊间，或辊道运送轧件的惯性冲力、夹持器、推力辊等，实现强迫咬入。施加外推力能改善咬入，这是因为外力作用使轧件前端被轧辊压扁，实际咬入角减小，而且使正压力增加，接触面积增大，导致摩擦力增加，有助于轧件咬入；

（3）咬入时辊缝调大，即减小压下量从而减小了咬入角。稳定轧制过程建立后，可减小辊缝，加大压下量，充分利用咬入后的剩余摩擦力，即带负荷压下；

（4）轧件进入辊缝后压下，通常用于冷轧薄板轧制；

（5）采用大辊径轧辊，可使咬入角减小，满足大压下量轧制；

（6）减小道次压下量，可通过减小轧件原始厚度和增加轧出厚度的方法来实现，但变形量减小，生产率下降。

2.3 铝及铝合金轧制过程中金属变形

2.3.1 前滑与后滑

轧制过程中变形区内金属被压缩时除了少部分形成宽展外，主要向变形区出口和入口流动。由于变形区的形状限制，流动结果导致轧件出口速度 v_h 大于轧辊线速度 v，$v_h > v$，即产生前滑。而轧件的入口速度 v_H 小于轧辊入口线速度的水平分量 $v\cos\alpha$，即 $v_H < v\cos\alpha$，则产生后滑。前滑区与后滑区交界面称为中性面，中性面上金属流动速度 v_γ 等于轧辊在该点的线速度的水平分量 $v\cos\gamma$，对应的角度称为中性角 γ，如图 2-5 所示。图中前滑 S_h 和后滑 S_H 分别表示为：

$$S_h = \frac{v_h - v}{v} \times 100\%$$

$$S_H = \frac{v\cos\alpha - v_H}{v\cos\alpha} \times 100\%$$

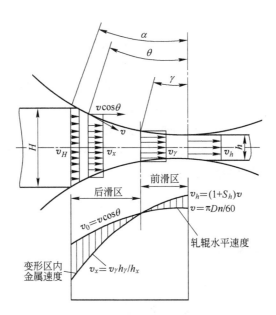

图 2-5 轧制过程速度示意图

根据轧制过程秒流量相等的原则，前滑、后滑与延伸系数的关系可表示为：

$$S_H = 1 - \frac{\dfrac{v}{\lambda}(1 + S_h)}{v\cos\alpha} \tag{2-15}$$

或

$$\lambda = \frac{1 + S_h}{(1 - S_H)\cos\alpha} \tag{2-16}$$

由式（2-15）和式（2-16）可知，当轧制速度 v 和延伸系数 λ 或加工率已知时，轧件的出口速度和入口速度决定于前滑值，而且后滑值也与前滑值有关。为此，前滑在轧制过程中起重要作用。

2.3.2　前滑的计算及影响因素

根据前滑的定义及轧制变形区的几何关系，可以得到：

$$S_h = \frac{v_h}{v} - 1 = \frac{h_\gamma\cos\gamma}{h} - 1 = \frac{[h + D(1 - \cos\gamma)]}{h} - 1 \tag{2-17}$$

简化后得：

$$S_h = \frac{(1 - \cos\gamma)(D\cos\gamma - h)}{h} \tag{2-18}$$

式（2-17）为 E. Frank 前滑计算公式，前滑主要与轧辊直径、轧件厚度和中性角有关，尤其与中性角的关系更大。除此之外，随着压下率与张力的增加，前滑有不同程度的增加。

从图 2-5 也可看到前滑的大小与变形区中性面的位置有关。由变形区力平衡可导出中性角 γ：

$$\gamma = \frac{\alpha}{2}\left(1 - \frac{\alpha}{2\mu}\right) \tag{2-19}$$

由于中性角很小，取 $1 - \cos\gamma \approx 2\sin\left(\dfrac{\gamma}{2}\right) \approx \gamma^2/2$，$\cos\gamma \approx 1$，则 E. Frank 前滑公式可写成：

$$S_h = \frac{\gamma^2}{2}\left(\frac{D}{h} - 1\right) \tag{2-20}$$

对于冷轧薄板，由于 $D/h \gg 1$ ，故可进一步导出：

$$S_h = \frac{\gamma^2}{h}R \qquad (2\text{-}21)$$

$$\mu = \frac{\alpha}{2\left(1 - 2\sqrt{\dfrac{S_h h}{\Delta h}}\right)} \qquad (2\text{-}22)$$

从以上公式可看出，前滑值较大，摩擦系数较大。中性角越大，中性面向入口移动。在轧制过程中保持适当的前滑是非常重要的。虽然前滑越小，摩擦系数越小，但是，若摩擦系数过小，不但影响轧制过程的咬入和轧制稳定性以及连轧稳定性，而且对轧件表面质量也有不利影响。由于存在前滑，轧件在出口时与轧辊发生滑动，光滑的轧辊表面对轧件表面有一定的磨削或抛光作用。若前滑过小，轧辊表面对轧件的抛光作用较弱，则轧后光洁程度较差。

前滑除了根据摩擦系数计算外，在轧制过程中可以实际测量，如可在轧辊表面刻一个标记，在轧制过程中轧辊旋转一周在轧件表面形成两个压痕。由于存在前滑，轧件表面两压痕的间距 L_h 要大于轧辊周长 L_0 。根据前滑计算公式有：

$$S_h = \frac{v_h - v}{v} = \frac{v_h t - vt}{vt} = \frac{L_h - L_0}{L_h} \qquad (2\text{-}23)$$

如某冷轧厂使用上述方法测量 1050 合金轧制时的前滑，经测量，$L_h = 1401\text{mm}$，$L_0 = 1319\text{mm}$ ，根据式（2-23）可以计算得到本道次的前滑：

$$S_h = \frac{L_h - L_0}{L_h} = \frac{1401 - 1319}{1401} = 0.062 = 6.2\%$$

2.3.3 宽展及影响因素

宽展是指在轧制过程中轧件宽度的变化。宽展 Δb 的计算公式为：

$$\Delta b = b_h - b_H = b_H\left[\left(\frac{h}{H}\right)^{S_b} - 1\right] \qquad (2\text{-}24)$$

式中　b_H，b_h——轧件轧前和轧后宽度；

H,h——轧件轧前和轧后厚度；

S_b——轧件宽展系数，它的主要影响因素有轧前坯料宽度、轧前坯料厚度、变形区接触弧长度、工作辊半径、压下率等。

图 2-6 为轧件轧后横断面常见的三种轮廓示意图，摩擦系数 μ 对轧件轧后边部外形轮廓有重要影响。

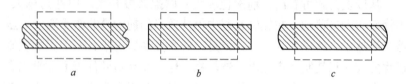

图 2-6　轧件轧后横断面轮廓示意图

a—凹凸或双鼓形；b—平直形；c—单鼓形

在冷轧过程中，带材由于受到张力的影响，其宽度反而会随着轧制厚度的减薄而减小，但这一变化总量较小，一般不会大于 5mm，因此在工艺设计中往往可忽略。

2.4　铝及铝合金轧制压力的计算

轧制压力是指轧件对轧辊合力的垂直分量，即轧机压下螺丝所承受的总压力。轧制时轧件对轧辊的作用力有两个：一是与接触表面相切的单位摩擦力 f；另一个与接触表面垂直的单位压力的合力 N；轧制压力就是这两个力在垂直轧制方向上的投影之和 P_H，如图 2-7 所示。

轧制压力是轧制工艺和设备设计与控制的重要力学参数，在现代化轧机的设计中尤为重要。确定轧制压力的意义在于：（1）校核轧辊与轧机其他部件的强度和弹性变形；（2）制定轧制工艺；（3）实现板厚与板形控制；（4）发挥轧机潜力，提高生产效率。

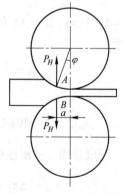

图 2-7　简单轧制条件下合力方向

2.4.1 轧制压力的计算

轧制压力的确定方法主要有以下两种：

（1）实测法。总压力是通过放置在压下螺丝下的测压头（压力传感器）将轧制过程的压力信号转换成电信号，再通过放大和记录装置显示压力实测数据的方法。轧制压力测试常用的压力传感器有电阻应变式测压头和压磁式测压头。沿接触弧上的单位压力测定，则需将针式压力传感器埋在辊面内进行测定。

（2）理论计算法。它是根据轧制条件和塑性理论分析，推导出轧制压力计算公式。

轧制压力的计算式为：

$$P = pA \tag{2-25}$$

式中 A——轧件与轧辊的接触面积。

而单位轧制压力为：

$$p = Kn_\sigma \tag{2-26}$$

式中 n_σ——相对应力系数；

K——轧件的变形抗力。

冷轧薄板常用的单位轧制力计算公式为 M. D. Stone 公式：

$$p = Kn_\sigma = K\left(\frac{e^m - 1}{m}\right)$$

$$m = \frac{\mu l'}{\overline{h}} \tag{2-27}$$

式中 μ——摩擦系数；

l'——接触弧长度；

$\overline{h}$——变形区平均厚度。

在不考虑宽展与轧辊压扁时的轧制力计算公式可表示为：

$$P = pA = Kn_\sigma B \sqrt{R\Delta h} \tag{2-28}$$

2.4.2 铝合金冷轧时的变形抗力

轧件的变形抗力是计算轧制压力的重要材料参数。在轧制变形条件下，金属抵抗塑性变形发生的力称为变形抗力，对于平面应变条件下的变形抗力常用 K 表示，其计算式为：

$$K = 1.115R_{eL} = 1.115R_{P0.2} \qquad (2\text{-}29)$$

对于大多数铝合金，由弹性变形进入塑性变形的过程是平滑的，屈服现象不明显，常用 $R_{P0.2}$ 代替 R_{eL}。影响铝材变形抗力的主要因素有：

（1）轧制铝合金的本性（如化学成分、微量元素、晶粒组织等）；

（2）轧制前的预变形程度（主要是冷轧前的加工硬化程度）；

（3）轧制时轧件的变形速度（或称轧制变形速率），它是指压下方向上的平均变形速度，其计算公式为：

$$\bar{u} = 2v\sqrt{\frac{\Delta h}{R(H+h)}} \qquad (2\text{-}30)$$

（4）轧制温度，铝及铝合金的变形抗力随轧制温度的升高而降低。

3 铝合金冷轧产品的厚度控制

3.1 铝合金冷轧时的弹塑性变形

3.1.1 轧机的弹性变形

轧制时轧辊承受的轧制压力，通过轧辊轴承、压下螺丝等零部件，最后由机架承受。所以在轧制过程中，所有上述受力件都会发生弹性变形，严重时可达数毫米。据测试表明：首先弹性变形最大的是轧辊系（弹性压扁与弯曲），约占弹性变形总量的40%~50%；其次是机架（立柱受拉，上下横梁受弯），约占12%~16%；轧辊轴承约占10%~15%；压下系统约占6%~8%。

随着轧制压力的变化，轧辊的弹性变形量也随即而变，辊缝大小和形状也发生变化。辊缝大小的变化将导致板材纵向厚度波动，辊缝形状影响到轧制板形变化。它们对轧制板带材板形质量、尺寸精度控制的影响已成为现代轧制理论关注和研究的重点。

3.1.1.1 轧机的弹跳方程与弹性特性曲线

轧机弹性变形总量与轧制压力之间的关系曲线称为轧机的弹性特性曲线，描述这一对参数关系的数学表达式，即称为轧机的弹跳方程。

图3-1所示为当两轧辊的原始辊缝（空载辊缝值）为 s_0 时，轧制时由于轧制压力的作用，使机架发生了变形 Δs。因此实际辊缝将增大到 s，辊缝增大的现象称为轧机弹跳或辊跳。于是所轧制出的板厚为：

$$h = s = s_0 + s_0' + \Delta s = s_0 + s_0' + P/k \tag{3-1}$$

式中　s_0'——初始载荷下各部件间的间隙值；

　　　P——轧制压力；

　　　k——轧机的刚度系数，表示轧机弹性变形 1mm 所需的力，N/mm。

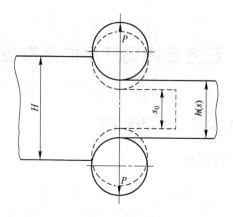

图 3-1　轧机弹跳现象

如忽略初始载荷下各部件间的间隙值，即 $s'_0 = 0$ ，则式（3-1）变为：

$$h = s = s_0 + P/k \tag{3-2}$$

式（3-2）称为轧机的弹跳方程，它忽略了轧件的弹性恢复量，说明轧出的轧件厚度为原始辊缝与轧机弹跳量之和（图 3-2）。

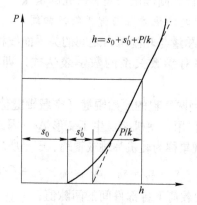

图 3-2　轧件尺寸在弹跳曲线上的表示

影响原始辊缝 s_0 变化（即影响轧机弹性特性曲线位置）的因素

有：轧辊的偏心、热膨胀、磨损和轧辊轴承油膜的变化等。

3.1.1.2 轧机刚度

轧机的刚度为轧机抵抗轧制压力引起弹性变形的能力，又称轧机模量，包括纵向刚度和横向刚度。轧机的纵向刚度是指轧机抵抗轧制压力引起辊跳的能力。轧机的纵向刚度可用下式表示，即：

$$k = P/(h - s_0) \qquad (3\text{-}3)$$

轧机刚度可用轧制法和压靠法等方法实际测定。

影响轧机刚度的因素主要有轧件宽度、轧制速度（影响到轴承油膜厚度）等。轧件宽度的影响规律是：轧件宽度与辊身长度二者差异较大时对轧机刚度的影响大，二者尺寸相近时影响小。轧制速度的影响规律是：低速时对轧机刚度的影响小，而高速时影响较大。

3.1.2 轧件的塑性特性曲线

轧件的塑性特性曲线是指某一预调辊缝 s_0 时，轧制压力与轧出板材厚度之间的关系曲线（图3-3）。它表示在同一轧制厚度的条件下，某一工艺参数的变化对轧制压力的影响，或在同一轧制压力情况下，某一工艺因素变化对轧出厚度的影响情形。变形抗力大的塑性曲线较陡峭，而变形抗力小的塑性曲线较平缓。若轧制压力保持不变，则前者轧出的板材较厚。若需保持轧出同一厚度的板材，那么对于变形抗力高的轧件就应加大轧制压力。

影响轧件塑性特性曲线变化的因素主要有：沿轧件长向原始厚度不均、温度分布不均、组织性能不均、轧制速度与张力的变化等。这些因素影响到轧制压力的变化，也改变了 $P\text{-}H$ 图上轧件的塑性特性曲线的形状和位置，

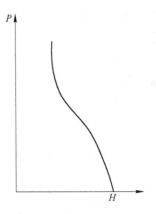

图3-3 轧件塑性特性曲线

因而导致轧出板厚随之发生变化。

3.1.3 冷轧过程的弹塑曲线

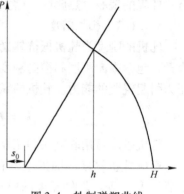

图 3-4 轧制弹塑曲线

轧制过程的轧件塑性曲线与轧机弹性曲线集成于同一坐标图上的曲线，称为轧制过程的弹塑曲线，也称轧制的 *P-H* 图（图3-4）。图中两曲线交点的横坐标为轧件厚度，纵坐标为对应的轧制压力。

3.2 铝合金冷轧板带厚度控制原理及控制方法

3.2.1 板带厚度控制原理

轧制过程中凡引起轧制压力波动的因素都将导致板厚纵向厚度尺寸的变化，一是对轧件塑性变形特性曲线形状与位置的影响；二是对轧机弹性特性曲线的影响。结果使两条曲线的交点发生变化，产生了纵向厚度偏差。

板厚控制原理：根据 *P-H* 图，轧制厚度控制就是要求使所轧板材的厚度，始终保持在轧机的弹性特性曲线和轧件塑性特性曲线交点 *h* 的垂直线上。但是由于轧制时各种因素是经常变化波动的，两特性曲线不可能总是相交在等厚轧制线上，因而使板厚出现偏差。若要消除这一厚度偏差，就必须使两特性曲线发生相应的变动，重新回到等厚轧制线上，基于这一思路，板厚控制方法有：调整辊缝、张力和轧制速度等三种方法。

3.2.2 板带厚度控制的三种方法

3.2.2.1 调整压下改变辊缝

调整压下是板带材厚度控制的最主要的方法，这种板厚控制的原理，是在不改变弹塑曲线斜率的情况下，通过调整压下来达到消除轧件或工艺因素影响轧制压力而造成的板厚偏差（图3-5）。

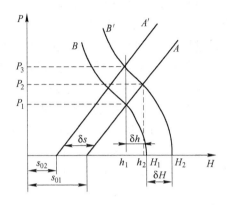

图3-5 塑性曲线变陡时调整压下原理图

当遇到来料退火不均，造成轧件性能不均（变硬），或润滑不良使摩擦系数增大，或张力变小、轧制速度减小等，都会使塑性曲线斜率变大，塑性曲线由 B 变到 B'，在其他条件不变时，轧出厚度产生偏差 δh，此时可通过调整压下减小辊缝来消除（图3-6）。

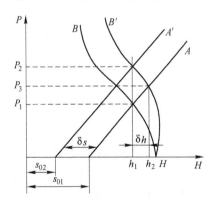

图3-6 δH 变化时的调整压下原理图

3.2.2.2 调整张力

调整压下的方法由于需调整压下螺丝，如塑性模量 M 很大，或轧机刚度系数 k 过小，则调整量过大，调整速度慢，效率低。因此对于冷精轧薄板带，调整张力比调整压下的速度更快、效果更明显。特别是对于箔材轧制更是如此，因为这时轧辊实际已经压靠，板厚控制只得依靠调整张力、润滑与轧制速度来实现。

调整张力是通过调整前、后张力改变轧件塑性曲线的斜率，达到消除各种因素对轧出厚度影响来实现板厚控制的（图3-7）。当来料出现厚度偏差 $+\delta H$ 时，在原始辊缝和其他条件不变时，轧出板厚产生偏差 δh，为使轧出板厚不变，可通过加大张力，使塑性曲线 B' 变到 B''（改变斜率），而与弹性曲线 A 相交在等厚度轧制线上，实现无需改变辊缝大小而达到板厚不变的目的。张力调整方法的特点是反应快、精确、效果好，在冷轧薄板带生产中用得十分广泛。

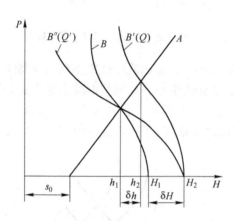

图 3-7 调整张力原理图

3.2.2.3 调整轧速

轧制速度的变化将引起张力、摩擦系数、轧制温度及轴承油膜厚度等发生变化，因而也可改变轧制压力，达到使轧件塑性曲线斜率发生改变的目的，其基本原理与调整张力相似。

3.3 冷轧产品厚度控制系统

3.3.1 厚度控制系统的基本组成

板厚控制就是随着带材坯料厚度、性能、张力、轧制速度以及润滑条件等因素的变化,随时调整辊缝、张力或轧制速度,达到实际厚度尽可能接近目标厚度的方法。现代高速冷轧机的板厚控制系统主要包括三大部分:一是测厚部分,其作用是对轧后及轧前的厚度进行检测;二是数据处理部分,其作用是对测厚仪检测的数据进行实时分析,并通过检测厚度与目标厚度的偏差,计算需要的调整指令,并将指令进行传递;三是执行部分,其作用是根据调整指令进行动作,达到减小厚度偏差的目的。目前执行机构多通过液压压下实现,而液压压下则由压下位置闭环或轧制压力闭环系统控制。厚度控制系统组成如图3-8所示。

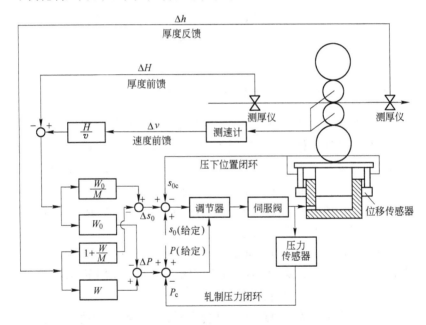

图 3-8　厚度控制系统的组成

W_0—轧制压力对入口厚度的偏导数 $W_0 = \partial P/\partial H$；$M$—轧机纵向刚度模数；$W$—轧件塑性刚度系数；$\Delta H$—来料厚度偏差；$\Delta h$—出口厚度偏差；$v$—轧制速度；$\Delta v$—轧制速度增量；$s_0$—给定空载辊缝；$\Delta s_0$—空载辊缝修正量；$P$—给定轧制力；$\Delta P$—轧制压力修正量；$s_{0e}$—实测空载辊缝；$P_e$—实测轧制压力

厚控系统通常包括以下五个控制环节:
(1) 压下位置闭环;

（2）轧制压力闭环；

（3）厚度前馈控制；

（4）速度前馈控制；

（5）厚度反馈控制（测厚仪监控）。

其中压下位置闭环和轧制压力闭环是整个厚控系统的基础，厚控的最终操作通过这两个闭环中的一个实现。后面三个控制为更高级的控制环节，它们给前两个闭环的给定值提供修正量。

当辊缝中没有轧件（辊缝设定）和穿带时，压下位置闭环工作。正常轧制时，轧制压力闭环工作（位置闭环断开，不参与控制）。当轧制压力低于某一最小值时，由压力闭环自动地转换到位置闭环控制。

3.3.2　产品厚度测量的基本原理及应用方法

厚度测量在整个厚控系统中起着非常重要的监控作用，测厚系统本身的测量精度对整个厚度控制的精度具有决定性的作用。现代高速冷轧机的厚度在线检测一般采用同位素测厚仪和 X 射线测厚仪，在线测厚要求具有测量快速、连续、无接触和非破坏性的特性。同位素测厚仪的放射源具有半衰期长、放射剂量稳定、不受温度影响等优点，因此同位素测厚仪在高速冷轧机上得到广泛使用。

同位素测厚仪的测量原理是放射源的射线穿过被测材料时，射线强度因板材的吸收而减少，而其射线剂量的减少与材料的厚度成一定的函数关系，其原理如图 3-9 所示。

同位素放射源的放射线在穿过物质时，将与物质发生相互作用，由于存在这些作用，射线的强度将减弱。根据吸收定律，当射线穿过被测板材后，射线强度 I_d 由下式确定，即：

$$I_d = I_0 \times e^{-ud} \tag{3-4}$$

式中　I_0——没有板材时射线的强度；

　　　u——被测板材对射线特有的吸收系数；

　　　d——被测板材的厚度。

式（3-4）经对数变换后为：

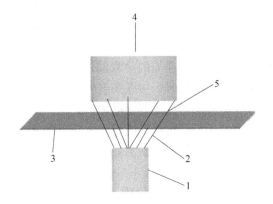

图 3-9　测量原理图

1—放射源；2—入射线强度 I_0；3—板带材；

4—电离室；5—穿透射线强度 I_d

$$\ln I_d = \ln I_0 - ud$$

该式经整理后为：

$$d = (\ln I_0 - \ln I_d)/u \qquad (3\text{-}5)$$

由式（3-5）可见，只要 I_0、I_d、u 被确定，被测板材的厚度就确定了。式（3-5）表示的是被测量板材厚度与放射强度间的关系，是一个非电参数，而射线探测器（电离室）输出的是电流信号，最终控制计算机输入的测量信号是 0~10V 的电压信号。因此，计算机在进行数据处理时，要将式（3-5）转化为测量电压与板（带）厚的函数关系。在实际应用中并不是用式（3-5）来确定厚度的，而是采用刻度线（或查表的方法）来确定。刻度曲线是通过系统定标来实现的，射线探测器（电离室）根据射线被材料吸收的量，测出电流变化量，查刻度曲线得出被测板材的厚度。这就是同位素测厚系统测量厚度的基本原理。

同位素测厚仪主要由两部分组成：测量机架和操作控制部分。测量机架包括放射源、电离室及高压电源、前置放大、A/D 转换及 C 型测量机架；操作控制部分包括微型工业控制机数据处理系统、操作部分、测量数据显示器部分、数据打印机和净化电源。测量机架将板材的厚度信号转化为电信号，经计算机按前述公式处理后在 CRT 显示器或 LED 显示器上显示。测量头的工作稳定性和测量精度，决定了整个系统的精度。

　　X 射线测厚仪的测量原理与同位素测厚仪的测量原理基本相同，都是基于射线穿过被测材料时，射线强度因板材的吸收而减少，其射线剂量的减少又与材料的厚度成一定的函数关系，根据这一现象对被测板材进行厚度测量。X 射线测厚仪与同位素测厚仪的不同主要是在结构方面的不同和影响测量精度的主要因素的不同。基本结构主要包括：放射源、检测器和标准块盒。

　　测厚仪的技术指标是根据被测板（带）材的厚度精度要求来定的。用于高性能特薄板（带）轧制和检测的测厚仪，其技术指标都比较高。下面是西南铝某冷轧机测厚仪典型技术指标：

　　分辨率：$1\mu m$

　　偏差范围：被测板（带）材厚度为 $0.1 \sim 0.5mm$ 时为 $\pm 0.001mm$；被测板（带）材厚度为 $0.5 \sim 1.0mm$ 时为 $\pm 0.002mm$

　　采样时间性：$10 \sim 50ms$

　　LED 刷新时间：500ms

　　响应时间：$\leqslant 0.5s$

　　重复性：$< \pm 0.5\mu m$

　　稳定性：$< \pm 0.5\mu m$

　　厚度线性：$< \pm 1\mu m$

4 铝合金冷轧的板形控制技术

4.1 板形概述

板形的定义：板形（shape）是指板带材的外貌形状，是板带产品的外观质量指标之一。

不良板形的表现形式：不良的板形表现为瓢曲、起拱、波浪、侧弯等，图 4-1 所示为典型不良板形分类。

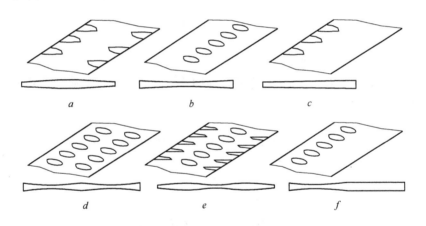

图 4-1 板形缺陷分类

a—两边波浪；b—中间波浪；c—单边波浪；d—二肋波浪；

e—中间及边部波浪；f—1/4 波浪

不良板形的产生原因：板形直观来说是指板带材的翘曲度，其实质是板带材内部残余应力的分布。只要板带材内部存在残余应力即为板形不良，如残余应力不足以引起板带翘曲，称为"潜在"的板形不良；如残余应力引起板带失稳，产生翘曲，则称为"表观"的板形不良。板形不良结果的出现实质是轧件宽向上的纵向延伸不均的结果，延伸小的部位在纵向受到拉应力的作用，延伸大的部位由于受相邻延伸小的部位制约，在纵向受到压应力的作用，当轧件变薄时，轧件的刚度也减小，故在压应力的作用下失稳起拱而形成间隔基本相同的波浪。

4.2 板形的量化指标

（1）平度（flatness），也可称平直度 I，定义为：

$$I = \left(\frac{L + \Delta L - L}{L} \right) \times 10^5 = \frac{\Delta L}{L} \times 10^5$$

若算出结果为 20，则称为该轧件不平度为 20 个 I 单位。

（2）波度（steepness），又称作波浪度 $s(\%)$，定义为

$$s = \frac{H}{L} \times 10^2$$

（3）波高 H（mm）。

以上式中 L、ΔL 及 H 的意义如图 4-2 所示，若波浪曲线为正弦曲线时，则

$$I = \left(\frac{\pi H}{2L} \right)^2 \times 10^5 = 2.5(\pi s)^2$$

$$H = \left(\frac{2LI}{\pi} \right) \times 10^5 = \frac{Ls}{100}$$

$$s = \left(\frac{2I}{\pi} \right) \times 10^{-1} = \left(\frac{H}{L} \right) \times 100$$

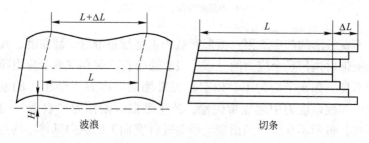

图 4-2 带材波浪示意图

4.3 影响冷轧产品板形的几个因素

从板形不良的产生原因可得出，凡是影响实际辊缝形状，从而影响纵向延伸的因素都会对板形产生影响，都需要在轧制过程中得到控制。具体来说，影响板形主要有以下因素：

（1）坯料板形的影响。坯料板形要符合使用要求，坯料良好的断面形状是获得良好板形的先决条件。

（2）工作辊原始凸度的影响。工作辊原始凸度的选定要依据辊身长度、刚度、合金状态、坯料宽度、压下量及轧制时的热凸度等综合因素而定，原则是尽可能不用或少用液压弯辊系统而能达到良好的板形。

（3）正负弯辊的影响。弯辊的作用是改变辊缝的形状，采用正弯时工作辊的挠度将减小，相当于增加了工作辊的原始凸度；采用负弯时，工作辊的挠度将增加，相当于减小了工作辊的原始凸度。一般情况下，开坯道次由于绝对压下量较大，工作辊的弯曲变形大，而且轧制速度较低，工作辊热膨胀小，这时应使用较大的正弯，之后道次随着速度的增加，工作辊的热凸度增加，这时应逐渐减小正弯，直至采用适当的负弯。

（4）张力对板形的影响。根据轧制理论我们知道张力能使轧制力减小，这样可以减轻主电机的负荷。同时，张力的大小还影响到板形，因为张力改变了轧制压力，影响了轧辊的弹性弯曲，从而改变了辊缝形状。此外，张力促使金属沿横向上的纵向延伸均匀，因此，在生产过程中适当调整张力，可以获得良好的板形。

（5）压下量对板形的影响。为了最大限度地提高生产率，在合金塑性和设备能力允许的条件下应尽可能使用大压下量，一般第一道次绝对压下量较大，以充分利用合金的塑性，以后道次绝对压下量适当减小，分配时要根据设备结构、装机水平和坯料情况综合考虑。压下量越大，轧辊的弯曲变形就越大，辊缝的形状会发生变化，同时要注意正负弯辊的适当调整，以利于板形的控制。

（6）轧制油冷却的影响。轧件和轧辊之间的摩擦和轧件自身变形产生的热量会使轧辊的温度不断升高，并且加工率大、轧制速度高时更为突出。为了保证连续稳定生产，必须及时把这部分热量带走，冷轧生产中常用轧制油冷却。但是由于轧辊受热和冷却条件沿辊身长度方向是不均匀的，如果不及时调整轧制油在辊身不同部位的强度和流量就会产生不同的波浪。生产过程中当出现中间波浪时可适当加大中间部分或减小两端的冷却量；当出现两边波浪时，可适当增大两端部或减小中间部位的冷却量；当出现二肋波浪时，可适当减小轧辊中间部位的冷却量或加大二肋部位的冷却量。这样，可通过调整轧辊不同部位轧制油的分布达到控制板形的目的。

（7）中间退火对板形的影响。可通过中间退火消除轧件内部应力以控制板形。如果坯料横断面厚度不均匀，在轧制过程中轧件沿宽度方向上的纵向延伸会不均匀，出现内应力。延伸较大部分的金属被迫受压，延伸较小部分的金属被迫受拉。当延伸较大部分所受附加压力超过临界时，就会形成不同的波浪现象。如果通过中间退火消除内应力，将会使板形得到一定程度的控制，但是这样势必会增加能耗，因此，这种方法在生产过程中一般很少采用。

4.4   板形控制方法

4.4.1   通过工艺措施控制板形

通过工艺措施控制板形主要包括：来料截面形状控制、轧辊原始辊形的给定、目标板形曲线的选择、轧辊的热平衡控制等。

4.4.1.1   来料截面形状控制

来料截面形状控制的核心是来料板凸度控制。考虑到轧辊在轧制过程中受力后中部挠度远大于边部，以及考虑到边部减薄效应，热轧毛料或铸轧毛料的凸度基本都选择正凸度，且一般不超过 1.2% 以上。如果毛料凸度控制不好，如控制为负凸度，则冷轧过程中容易出现巨大边浪并伴随严重翻边，使轧制不能正常进行。如毛料凸度过大，则冷轧过程中易出现明显的中间波浪，导致精整工序难以矫平。

4.4.1.2   轧辊原始辊形给定

从工艺角度来看，工作辊原始辊形主要包含两方面要求：一是辊形曲线类型选择；二是轧辊凸度选择。

A 辊形曲线类型选择

当前常规轧机工作辊辊形曲线大多采用抛物线或正弦曲线，曲线方程可以分别表示为：

抛物线辊形方程：

$$y = \frac{2C_W}{L^2}x^2$$

正弦曲线辊形方程：

$$y = \frac{C_W}{2 \times \left[1 - \cos\left(\frac{\theta}{2}\right)\right]}\left[1 - \cos\left(\frac{x\theta}{2L}\right)\right]$$

式中 C_W——工作辊凸度；

L——工作辊辊身长度；

θ——曲线度数。

实践经验证明，工作辊辊形曲线分别为抛物线类型和正弦曲线类型时，在凸度相同的情况下后者生产的轧件出口凸度和边部减薄较大，在凸度控制能力相同时前者生产的轧件边部减薄较大。根据经验，西南铝业（集团）有限责任公司 1850mm 轧机配套磨床选取了 70°正弦曲线作为工作辊的辊形曲线。

B 轧辊凸度选择

轧辊凸度选择的影响因素较多，要结合轧制力、变形热、轧机刚度等多种因素综合进行考虑，可根据实际情况选择凸辊、凹辊及凹凸程度。其基本原则是在轧制过程中尽可能使弯辊力达到最小。

4.4.1.3 目标板形曲线选择

轧件内部因延伸不均而产生纵向内应力，这就使外加张力在轧件宽向上产生了差异。所谓目标板形曲线是指带材在外张力的作用下沿带材宽度方向产生的张力差所形成的曲线，它不仅是带材真实板形的反映，也是在现代轧机中作为板形控制的一个重要手段。在日常生产中，常用的曲线主要有平曲线、正弦曲线及余弦曲线等，如图 4-3 所示。

正弦曲线两边下翘，有利于减小轧制过程断带的几率，适合冷轧薄板的生产。余弦曲线两边上翘，轧件两边紧中间松，适合坯料或厚板的生产。平曲线则适合特薄板或箔轧的生产。

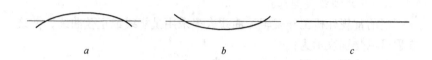

图 4-3   常用的目标板形曲线

a—正弦曲线；b—余弦曲线；c—平曲线

4.4.1.4   轧辊的热平衡控制技术

轧辊的热平衡即使轧辊的吸热与散热达到一种平衡状态，其目的是为了控制轧辊的热膨胀，其有效途径是通过对轧辊轴向温度分布的控制以获得理想的辊凸度，从而控制板凸度及板形。辊径的热膨胀到底有多大呢？我们将以以下例子进行说明：以直径为 500mm 的轧辊为例，在其轴向上施以 10℃ 的温差，可以通过计算得出其轴向的辊径差约 60μm，这对辊凸度的影响就可想而知了，因此需要对轧辊轴向温度分布进行控制。

A   轧辊热平衡的影响因素

轧制过程中，工作辊吸热的热源有：

（1）工作辊与支撑辊接触的摩擦热；

（2）进口处轧件的辐射热；

（3）辊缝内轧件的变形热及轧件与轧辊的摩擦热；

（4）出口处轧件的辐射热；

（5）高温轧件向轧辊的传热。

在轧制过程中，工作辊散热的途径有：

（1）入口侧的冷却液喷射；

（2）辊面液体的气化吸热；

（3）传给支撑辊的热；

（4）向周围空气的散热。

B   轧辊热平衡的建立

若轧辊的吸热大于散热，则轧辊辊温升高。辊温越高，则与周围环境的温差越大，散热随之增大，于是吸热与散热逐渐达到平衡，辊温稳定。此为轧辊的实际工作温度，但此温度随轧制工艺的改变而改变，这就需要改变冷却与散热条件，使其达到理想的工作温度。

C 辊凸度的热控制

轧辊凸度的热控制实际上就是控制辊温的轴向分布。从轧辊热平衡的影响因素我们知道，轧辊的吸热热源主要是摩擦热及轧件的变形热。摩擦热主要受轧辊粗糙度及润滑介质的影响，变形热主要受轧件的合金状态及压下量的影响。轧辊的散热方式主要是冷却液的喷射，这主要受冷却液温度、喷射压力及喷射量等因素的影响。经验证明不宜使轧辊强烈冷却，以免造成辊面温度波动大。

a 摩擦热的控制

在润滑介质不变的前提下控制摩擦热的根本措施就是控制轧辊表面粗糙度 R_a 值。轧辊粗糙度是描述轧辊表面光洁程度的参数。一般认为，表面粗糙度低的轧辊会轧出表面光洁程度高的轧件。当轧辊表面粗糙度 R_a 过小时，轧辊表面在生产过程中因不断磨损而变得光滑，轧制系统的摩擦系数也就相应减小。由于不能建立正常的摩擦条件，轧制系统也就无法正常工作，出现打滑产生振纹，甚至发生无法咬入或轧件不动而轧辊啃轧件的情况。而轧辊表面粗糙度 R_a 过大时，轧制生产过程中会产生大量的摩擦热，导致整个轧制系统热量的不均衡，使轧辊热凸度发生大幅增加而无法有效控制，影响板形。通过生产实验分析，板带材的轧辊表面粗糙度 R_a 一般应控制在 0.35 ~ 0.5μm 之间对生产工艺控制比较有利。当然，随着设备和工艺参数配置及产品特性的不同，各厂家对轧辊表面粗糙度的控制也应根据自身的实际情况进行相应的调整，例如，高表面要求热敏 CTP 板的冷轧生产要求轧辊表面粗糙度 R_a 值控制在 0.25μm 以下。

b 轧制油温度和流量的选择

对于现代高速冷轧机，连续轧制 30min 后，工作辊面温度可升至 100℃以上。辊面轴向温差最初可达到 15℃，之后逐渐趋于热平衡。连续轧制 1h 以上，辊面温差可降为 5 ~ 10℃。由于轧辊热凸度是一个缓慢变化的过程，轧制冷却液喷射也是一个相对缓慢的控制过程，所以一般经验是将冷却液的工作温度控制在 40 ~ 60℃（铝箔轧机更高一些）。如果冷却液的温度过低，与工作辊的温差过大，会使工作辊面局部产生急冷效果，反而使辊缝形状恶化，轧出的板形难以控制。另外，会在整个辊身径向形成内热外冷的效果，增大轧辊内应力，降低轧辊的使用寿命。

轧制冷却液流量是根据辊系间的热量平衡来设计的。有些厂家取轧机主电机功率的 1/3 作为辊系间的总发热量，冷却液的流量、密度、热容和出口温升则是总吸热量的函数。也有些厂家直接取主电机功率绝对值的 1.5~2.0 倍作为轧制冷却液流量的设计值。例如：主电机功率为 4000kW，则冷却液流量设计成 6000~8000L/min。对于箔轧机一般取上限。与传统理论不同的是，某些轧机设计厂家明确提出，单纯增大冷却液流量并不能提高辊凸度的控制能力。因为轧辊在高速旋转过程中与冷却液之间的热量交换主要集中在轧辊表层，喷射瞬间，辊面温度迅速下降，相当于在轧辊表面形成一层冷隔，阻碍了进一步的热量交换，所以无谓地增大冷却液流量并不能起到冷却轧辊的效果。

另外，由于不同合金轧件的变形热不同，因此选择的冷却液流量也不相同，以西南铝 1850mm 冷轧机为例，在相同压下量的情况下，生产 3104 制罐料选择的冷却液流量要比生产相同规格 1050PS 时大 1000L/min。

c　轧制油分段冷却

轧制油在冷轧生产中起到润滑和冷却轧辊的作用，主要通过轧制油在单位时间内高压力、高流量的喷淋，大量带走轧辊上积累的摩擦热、变形热，控制轧辊受热后产生的不均匀的热膨胀，使轧辊在轧制过程中保持相对理想的辊形。轧制油在调整使用时必须遵循一定的基准油位，这指的是在刚开始轧制时轧制油喷淋量必须处于临近中等的状态，以便给喷淋量调整留出空间。当轧制中板形出现局部过松时，即对应的轧辊区域局部热膨胀过大，可增大相应位置的喷淋量，严重的还可以进一步减小相邻区域的喷淋量，增加相对差，同时把相邻区域轧松以减小局部过松的程度差。轧制油冷却对板形调整的作用比弯辊的作用体现要慢，轧制控制中要采取预见性调整，才能比较好地利用好时间差。保持好轧辊横向上的温度梯度（中间略大而两侧稍小），它对薄板轧制的作用更明显。

d　轧辊热凸度的宏观控制

轧制生产过程中由于金属塑性变形热及摩擦热在轧辊上积累而导

致轧辊热膨胀局部不均匀，这是一个复杂的热传导问题。在实际生产中，一般在卷的前 1/3 部分，提速刚进入稳定轧制过程时，金属塑性变形热和摩擦热刚产生并开始积累，轧辊的热膨胀相对较小，热凸度基本处于 0 状态，近似认为是按照轧辊的原始状态进行轧制，这段为卷芯部分，一律表现为两边松中部紧，操作手要根据实际板形使用正常弯辊配置，轧制油分段冷却系统采用基准油位进行控制；在轧制过程的 2/3 阶段，金属塑性变形热和摩擦热富集到一定程度，轧辊中部散热不足而开始膨胀，热凸度出现并不断增大，这段为相对稳定轧制阶段，其板形情况视给定弯辊值而定，操作手要适当增加中部轧制油冷却的喷淋量以降低轧辊热凸度；在最后的 1/3 阶段，轧辊富集的热量逐步增加并稳定在最大值，轧辊热凸度也逐步增大到最大值并稳定，这段为卷尾部分，板形与前两段相比，中部松的程度要大得多，操作手要进一步增加中部轧制油冷却的喷淋量，适当降低两侧轧制油冷却的喷淋量，配合以相应的弯辊变化，才能有效地控制好轧辊热凸度的变化。操作手要在特定的阶段采取相应的弯辊、轧制油分段冷却来处理，才能控制（轧制油冷却）和弥补（弯辊）热凸度带来的负面影响，保证整卷板形的一致性，获得良好板形。

e 预热工艺

尽可能减少冷辊在轧制中建立热平衡时对板形控制的不利影响，对于一些诸如 PS、制罐料等高精尖产品的成品生产，需要在生产这类产品前对轧辊进行预热以达到良好的辊形。预热的方法主要有两种：第一种是轧制油预热即用加热后的轧制油冲洗辊面使其达到热平衡；第二种方法是安排预热料，即之前安排一些中间道次料或对板形要求不高的料先生产，待轧辊达到热平衡后再生产成品，这种方法效果好，对提高生产效率有帮助，因此广泛应用于各生产厂。

4.4.2 增加板形控制手段

随着加工技术的不断发展，很多通过工艺调整来保证板形质量的方法已逐步过渡到通过设备功能的增强来达到改善板形，这使得操作更方便，工艺制定更简单，板形质量更可靠。特别是近年来，板形控制技术在设备领域得到了充分的发展。弯辊控制技术、倾辊控制技术和分段冷却控制技术在板形控制手段方面现已普遍采用，其他已开发成熟的板形控制手段还有轧辊横移技术（HC 系列轧机）、胀辊技术（VC 和 IC 系列轧机）、交叉辊技术（PC 轧机）、曲面辊技术（CVC、UPC 轧机）和 NIPCO 技术等。

4.5 铝合金冷轧板形控制系统及装置

4.5.1 铝合金冷轧板形控制系统组成

不同形式的冷轧机的板形控制系统的配置差别很大，尤其是一些二辊冷轧机基本上不具备现代意义的板形控制，即使是现代高速冷轧机之间在板形控制系统方面也有很大差异，板形控制手段更是千差万别。常见的板形控制系统如图 4-4 所示，板形控制功能如图 4-5 所示。

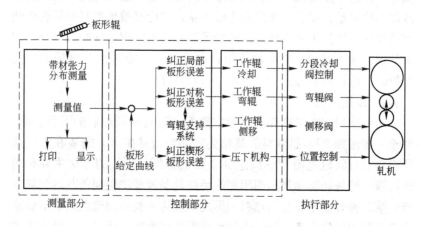

图 4-4 板形控制系统组成图

如图 4-4、图 4-5 所示，虽然不同冷轧机板形控制手段差异较大，但从控制系统组成来看，主要包括以下三部分：一是板形测量部分，通过板形辊对轧后实际板形进行测量；二是数据处理部分，即控制部分，对检测出的板形数据进行分析，得出实际板形与目标板形的差异，并根据差异对各执行机构发出指令；三是执行机构，对板形调整指令进行实施从而改善板形。

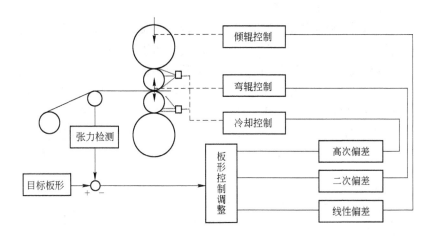

图 4-5　板形控制功能框图

4.5.2　铝合金冷轧板形检测技术与装置

4.5.2.1　板形检测要求

在板形控制系统中，板形检测是实现板形自动控制的重要前提之一。对板形检测装置的主要要求是：

（1）高精度，即它能够如实地精确地反映板带的板形状况，为操作者或控制系统提供可靠的在线信息；

（2）良好的适应性，即它可以用于测量不同材质、不同规格的产品，在轧制线的恶劣环境中可以长时间地工作而不发生故障或降低精度；

（3）安装方便，结构简单，易于维护；

（4）对带材不造成任何损伤。

因此，板形检测确实是一个比较困难的问题。板形本身受到许多因素的影响，板形缺陷又有各种复杂的表现形式，这就给精度检测带来了困难。特别是在实行张力轧制时，又往往会将板形缺陷掩盖起来。在生产中轧机的操作环境十分恶劣，剧烈的振动，水、油、灰尘等介质的侵入，往往会降低检测精度甚至损坏板形检测装置。

4.5.2.2　板形检测原理

板形检测仪器主要有接触式和非接触式两大类。非接触式又分为电磁波、变位法、振动法、光学法、声波法和放射线法等。

检测冷轧板带板形缺陷的方法很多,绝大多数是根据张力分布来检测板形缺陷,图4-6为多段接触辊式板形检测仪的基本结构示意图。该板形仪是瑞典的 ASEA 公司与加拿大的 ALCAN 公司协作研究成功的,1967 年首次安装在 ALCAN 公司的 2058mm 的单机架不可逆四辊冷轧机上。测量装置由测量辊、滑环、敏感元件、电子线路和显示单元等组成。

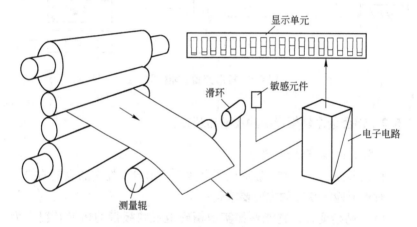

图 4-6　组合辊式板形检测装置的基本结构

测量辊由 25 ~ 40 个辊环装配而成, 将测量辊沿长度方向分为25 ~ 40 个测量区。每个辊环可测量出作用于其上的径向压力。从各个辊环上所测得的径向压力值, 可以确定板带宽度方向张应力分布不均匀的状况, 图 4-7 为测量辊环受力图。

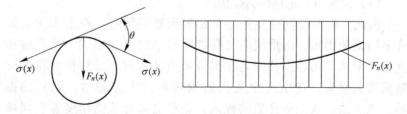

图 4-7　测量辊环受力图

4.5.2.3 ASEAQUSM200 冷轧检测系统

ASEAQUSM200 冷轧板材板形平直度测量系统的组成主要有：平直度测量辊、信号处理装置、板形平直度显示装置、板形控制计算机及若干个基础自动化系统。测量辊安装在轧机出口和张力卷取机之间，属于接触式测量。板带对测量辊有一定的包角，当板带在测量辊上面通过时，测量辊内部的传感器便向信号处理装置发送信息，同时信号处理装置接收自板形控制计算机输入的轧制参数，如带宽、带厚、张力等。经运算处理再将运算数据传送给计算机。计算机发出控制指令，控制轧机的相应执行机构，对板形进行矫正。

通过测定板带宽度方向应力分布就可以知道各带条间伸长率之差，从而评价板带板形的相对波峰值，即板带的平直度。鉴于这种原理，测量辊被用于检测板带宽度方向各带条的应力变化 $\Delta\sigma_i$。

4.5.2.4 板形测量装置

板形测量在整个板形控制系统中占有非常重要的地位，没有准确的板形测量也就没有现代意义上的板形控制。在此简单介绍几种现代轧机普遍采用的板形辊。

A ASEA 板形辊

这是一种测量张力沿板宽分布的工具，安置在轧辊与卷取机之间，并代替导向辊使用，其测力传感器装在辊内部，这种板形辊使用在冷轧机上。

这是瑞典 ASEA Industrial Systems 与一些公司共同开发的，早在20 世纪 60 年代初期，Alcan 公司 Kinstom 工厂的铝轧机，British 钢铁公司 Llanwern 工厂的 4 机架 1730mm 冷轧机上都配置了这种板形辊，当年虽还没有闭环自控，但也起到了良好的测量和指示作用，之后逐步与闭环自控相连，或改造旧机，或在新轧机上使用。现在 ASEA 板形辊已是最广泛的板形测量工具之一，我国的钢铁和有色轧机中也有使用。

ASEA 板形辊有一实心的芯轴，芯轴的圆周上有四个槽，槽内放置测压头，另外还有一系列宽度为 2.54~5.08cm（1~2in），壁厚为1.02cm（0.4in）的钢环，轴向叠合起来，组成辊套，组装在芯轴上，每个钢环为一测量区段，各自与四个测压头相接触，用来感应该区段的径向压力。整个组装好的辊子，磨平外圆，喷镀硬质合金，使其具有高的耐磨性能，辊子直径与其受的载荷有关。

工作板形辊由轧件拖动，做同步旋转，本身不需动力，但仍在其一端装有驱动电机，其目的是帮助板形辊克服在轧机启动和制动时的惯性，以免轧件将辊面擦伤，例如上述 Llanwern 工厂的轧机，其最高轧制速度为 21m/s，最大加速度和减速度分别为 1.0m/s² 和 2.4m/s²。

板形辊芯轴槽内装有测压头，如图 4-8、图 4-9 所示，是一种压磁头（magnetolestic force transducer-pressductor），主绕组输入 150 ~ 2000Hz 的交变电流，次级绕组输出的是调幅信号，在板形辊的另一端，有一 46 个通道的滑环将信号引出。这种板形辊的测力范围较宽，每区段可测 1.2 ~ 11500N，故既可用于铝带轧机，也可用于张力达 600 ~ 700kN 的带钢轧机。虽然轧件对辊子的径向压力随卷材直径的增大而变化，但板形只涉及板宽方向上的应力差值，故径向压力逐渐变化不影响测到的板形结果。板形辊可以设置在卷取机和轧辊之间，

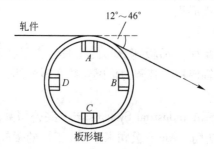

图 4-8　ASEA 板形辊 1

（A、B、C、D 为测压头）

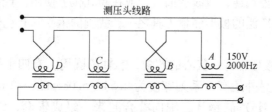

图 4-9　ASEA 板形辊 2

代替导向辊使用。

另外，这种板形辊是整体结构，极为牢固，故在轧件头尾通过时不必移开。辊子上的所有零件，都具有相同的速度。钢环之间无磨损，辊面磨损也小，极少重磨。辊子需维护保养的只是信号引出用的滑环。

测得的信号经计算机处理后，一方面送执行机构，进行轧件平度的调节，另一方面送显示和记录装置。但计算机调控中还要做若干修正与补偿。例如，轧件边部区段的补偿、轧件装置的修正、板宽方向温度不均的补偿、板凸度补偿和板形辊挠度补偿等，以提高测控精度。

B　Vidimon 板形辊

Vidimon 板形辊是英国 DavyMckee 公司开发的一种板形测量工具，放置在辊内部的压力探头，测量外加张力沿板宽的分布。这种板形辊用于冷轧机，其结构如图 4-10 所示：在轴向上有若干独立的区段组成，它由不转动的芯轴和与轧件同步传动的轴套所组成，各区段间有迷宫使其既连接又隔开，芯轴中有气体管道向芯轴与轴套间供应气体，使其成为"空气轴承"，辊套受载荷后，气隙发生变化，两对面发生差异，通过气压传感器，测出其差异，再综合各区段的数据，转换成板形信号。

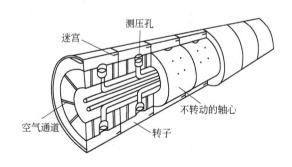

图 4-10　Vidimon 板形辊示意图

为防止超载、冲击和气体供应不足等损伤"空气轴承"，设置了板形辊的退出机构，能使板形辊快速地退入保护区。

为使载荷不因包角的改变而改变，故板形辊的前后设置了导向辊，以保持包角恒定，如图4-11所示。

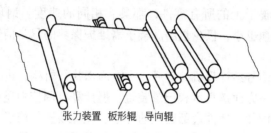

图 4-11   Vidimon 板形辊的放置

这种板形辊可用于金属箔、带的轧制，也可用于带钢轧制。DavyMckee 公司的 Vidiplan 系统和 Measurex 公司的 Metalsmaster 系统中都采用 Vidimon 板形辊作板形的测量工具。

C   CLECIM 板形辊

这是法国 CLECIM 公司开发的一种板形辊，使用装在辊子内部的传感器，测量外力沿板宽的差异，用于冷轧。

CLECIM 板形辊由芯轴、轴套、传感器和滑环组组成，如图4-12所示。芯轴上的有径向的孔洞内装位置传感器，每测量区段设置两个，其中一个备用，两测量区段的轴向间隔为60mm，圆周方向相差45°，轴套为一钢管，组装在芯轴上，并与位置传感器相接触，受载荷时发生变形，使位置传感器发出信号，信号经滑环输出，钢套的厚薄与其所受载荷（即径向压力）有关，最薄只有2mm，是硬化处理成1300N/mm 的钢做成，表面喷镀碳化钨，硬度在1000HV 以上。

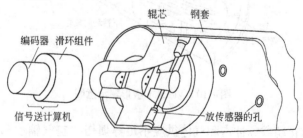

图 4-12   CLECIM 板形辊示意图

CLECIM 板形辊的特性为：

轧件最大速度：2000m/min

轧件的厚度：0.1~10mm

张力的范围：每米宽度上 5~1000kN

板形辊直径：400mm(标准的)

辊面硬度：1000HV

辊面粗糙度（R_a）：0.8~6μm

测量区段标准宽度：60mm

测量区段间距：标准 60mm，最小 25mm

测量范围：0.1~1.0 个额定张力

过载能力：反复过载时 4 倍额定张力；偶然过载时 7 倍额定张力

工作温度：最高 200℃

包角：最小 8°，标准 16°

精度：全张力范围的 ±1%

分辨率：全张力范围的 0.3%

这种整体性的辊子，具有良好的强度和刚度，既可放置在出口侧作导向辊用，也可作为连轧机机架间的张力辊。

D Vollmer 板形测量仪

这是美国 Vollmer 公司开发的一种板形仪，在冷轧机上使用，采用位移传感器，推算轧件板宽不同部位的纵向长度差，如图 4-13 所示：两个直径为 7.62cm(3in)、10.16cm(4in)或 12.7cm(5in)的辊子，在它们中间 7.62cm(3in)的间隙中，放置一列位移传感器，它们的端头稍高过辊面，而与轧件底面相接触。随轧件的运行，这一系列位移

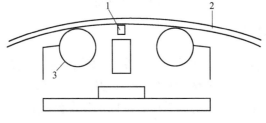

图 4-13 Vollmer 板形测量仪

1—传感器；2—带材；3—辊子

传感器，可测得相应宽度部位的高向位移，即基准高度的高度差，然后通过换算可计算出平直度。

传感器与传感器之间的距离，一般为 5.08cm(2in)，但也可为 2.54cm(1in)，传感器直接与轧件接触，相互摩擦，可能造成发热、黏铝、刮伤和划伤等缺陷，并且传感器暴露在外，易受损伤，需经常标定。

为了避免与轧件接触，采用气隙传感器，如图 4-14 所示，测得的数值换算成平度单位。这个装置申请获得了 1988 年美国第 4771622 号专利。

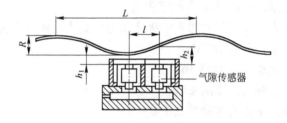

图 4-14　气隙传感器板形仪

4.5.3　倾辊控制技术

倾辊控制就是通过液压机构控制调节支撑辊左右两端不对称，进而对轧辊辊缝造成左右不对称。假设带材板形横向张力呈一线性分布，而倾辊的作用会使带材横向张力产生线性分布效应，选择正倾斜或者负倾斜方式以消除板形横向张力分布中的不良线性误差分量。这种控制方式对消除带材单边波浪效果明显。

4.5.4　弯辊控制技术

弯辊控制就是借助于液压机构来弯曲轧机的工作辊或者支撑辊，由于弯辊的作用力是两侧对称施加的，因此可以使带材板形横向张力分布产生对称的抛物线分布效应，选择正弯或者负倾弯方式以消除板形横向张力分布中的二次（抛物线）部分误差。

以前的十二辊轧机和二十辊轧机，以及后来的偏八辊轧机等，在轧辊的圆周方向有两个支撑点，作垂直和水平方向上支撑。在轧辊的长度方向上，有多个支撑点，各点的支撑力可以调节，用以调控轧件的平直。这些轧机大都用来轧制硬而薄的轧件，如不锈钢、高碳钢、青铜和钛合金等，辊径较细。然而四辊轧机是最通用的轧机，其弯辊是通过液压加载，在垂直方向上进行的。

板带轧机应用液压平衡之后，发现在平衡油缸加压或卸压时，轧件的平度发生变化，于是将平衡油缸的油压由固定改为可调（手工调节），其结构确使板形有一定程度的控制，于是就有了1974年的美国2430410号专利，用此方法调控板形，简单易行，投资不大，当年在铝箔轧机上装用之后，确获好处。

弯辊系统通常可分为工作辊弯辊和支撑辊弯辊系统两大类。

根据弯辊力作用面的不同，弯辊系统分为：垂直面（VP）弯辊系统和水平面（HP）弯辊系统。

根据弯辊力作用方向的不同，垂直面弯辊系统通常分为：正弯辊系统——弯辊力使辊凸度增大和负弯辊系统——弯辊力使凸度减小。水平面弯辊系统可分为：水平面弯辊力作用在与轧制方向平行的一个方向上和双向式弯辊系统——弯辊力可作用在两个相反的方向上。

按弯辊力作用位置不同，弯辊系统可分为3类：

（1）单轴承座弯辊系统：弯辊力分别通过一个轧辊轴承座作用在轧辊的两端。

（2）多轴承座弯辊系统：弯辊力通过两个或两个以上的轧辊轴承座作用于轧辊的每一端。

（3）无轴承座弯辊系统：弯辊力通过中间辊子或液压块直接作用于辊身。

4.5.4.1 工作辊弯辊系统

A 垂直面（VP）工作辊弯辊系统

a 垂直面单轴承座工作辊弯辊系统

单轴承座工作辊弯辊系统，既可以使用作用于上、下工作辊轴承座之间的正弯辊液压缸（图4-15a），也可以使用作用于支撑辊和工作辊之间的负弯辊液压缸（图4-15b），或联合使用（图4-15c）。

图4-16a所示的方案通过安置在支撑辊轴承座上的双向液压缸对

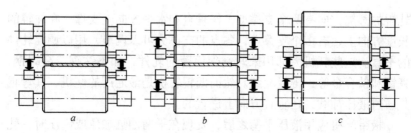

图 4-15　垂直面（VP）单轴承座工作辊弯辊系统之一

工作辊施加正负两种弯辊力。在图 4-16*b* 所示的方案中，正向弯辊力、负向弯辊力或共同作用产生的弯矩通过两组平行设置的液压缸作用于工作辊轴承座上。在图 4-16*c* 所示的方案中，正向弯辊力和工作辊平衡力分别由安装在工作辊轴承座上的各自不同的液压缸提供。

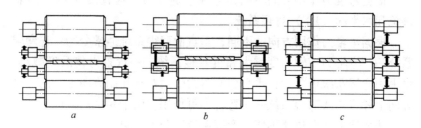

图 4-16　垂直面（VP）单轴承座工作辊弯辊系统之二

垂直面工作辊弯辊系统的优点是能够在轧制过程中,连续地对带材横向厚度进行控制,而且经济有效。其缺点是在一些实际的使用中,弯辊提供的凸度控制范围受到工作辊轴承所能承受的最大载荷的限制。

　b　垂直面双轴承座工作辊弯辊系统

在图 4-17*a* 所示的系统中，正向弯辊力作用在工作辊外轴承座

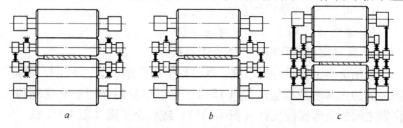

图 4-17　垂直面（VP）双轴承座工作辊弯辊系统

上，而在工作辊内轴承座起到一个支点的作用。图4-17b中，正向弯辊力作用于工作辊外轴承座，负弯辊力作用于上工作辊的内轴承座。而另一种设计方案，图4-17c中，正弯辊力和负弯辊力既作用在工作辊的外轴承座上也作用在内轴承座上。

该系统的优点是这种双轴承座弯辊系统使得辊缝断面的控制更加灵活，可以提高工作辊弯辊系统的效率。其缺点是由于辊颈处要承受较高的应力，工作辊与支撑辊中间有较高的接触应力，而且成本高，这使得系统的使用在一定程度上受到了限制。

c 垂直面无轴承座工作辊弯辊系统

为了缓解辊颈处应力过大的问题，开发了无轴承座工作辊弯辊系统（图4-18）。通过对作用在轧辊支撑垫上的液压缸设置不同的压力来控制辊身的弯曲程度。还有其他两种方案：一种是通过在轧辊支撑垫内设定不同的压力来改变辊身的挠曲；另一种是使用带固定芯轴的衬套式工作辊，通过改变支撑外套衬垫内的压力来控制套筒的弯曲程度。

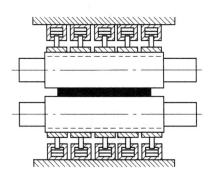

图4-18 垂直面（VP）无轴承座工作辊弯辊系统

B 水平面（HP）工作辊弯辊系统

水平面工作辊弯辊系统有两类：单向式弯辊系统（图4-19）和双向式弯辊系统（图4-20）。图4-19a所示的单向式水平弯辊系统，含有一个轴承座由机座立柱支撑的轧辊。通过分段辊作用于其辊身上的力使其弯曲。在图4-19b中，弯辊力则通过一个中间辊作用到工作辊上。而在图4-19c所示的弯辊系统中，由牌坊立柱支撑的轧辊通过柔性的分段辊和一个中间辊而发生挠曲。

在双向式弯辊系统中，弯辊力既可以直接作用于辊身（图4-20a），也可以仅仅作用于轴承座上（图4-20b），或是在轧辊的端部和辊身的中部共同作用（图4-20c）。

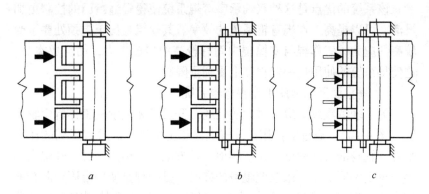

图4-19   水平面（HP）单向工作辊弯辊系统

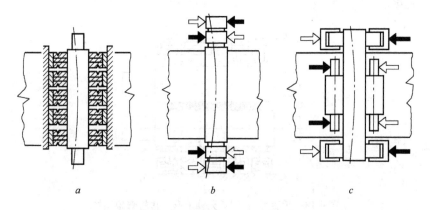

图4-20   水平面（HP）双向工作辊弯辊系统

C   四辊轧机和六辊轧机的水平面工作弯辊系统

图4-21所示的是由德国SMS公司设计的四辊轧机水平面工作弯辊系统，该轧机被称为MKW轧机。

在轧机牌坊5的窗口中有支撑辊轴承座3和4，两个直径很大的支撑辊1和2分别装在轴承组中。装在轧机牌坊5上的重载液压缸垂直地

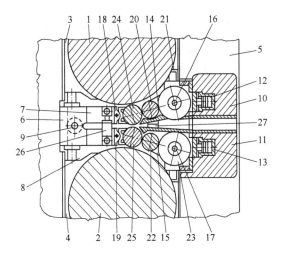

图 4-21 四辊轧机的 HP 工作辊弯辊系统设计

1,2—支撑辊；3,4—支撑辊轴承座；5—轧机牌坊；6,10,11—横梁；7,8,14,15—导杆；
9—销；12,13—液压缸；16,17—轴；18,19—中心轴；20,21—上推辊；
22,23—下推辊；24,25—工作辊；26,27—液压缸

支撑着支撑辊轴承座 3 和 4，并且设定了支撑辊 1 和 2 之间的垂直间隙。

在机架的入口侧有一根安装在轧机牌坊 5 上的横梁 6，导杆 7 和 8 通过销 9 以轴连接的方式与横梁 6 连接。与此相似，在机架的出口侧有两根横梁 10 和 11，上面分别装有液压缸 12 和 13，导杆 14 和 15 安装在有垂直空间的轴 16 和 17 上。导杆 7、8、14 和 15 的另一端分别装在各自的中心轴 18 和 19 上。

在导杆 14 上的上推辊 20 和 21 能在水平面内自由移动，同样装在导杆 15 上的下推辊 22 和 23 也有此功能。水平弯辊力作用于工作辊 24 和 25 的辊身上。分别隔开上游侧导杆 7 和 8 与下游侧导杆 14 和 15 的液压缸 26 和 27 可以产生垂直方向的弯辊力。

4.5.4.2 支撑辊弯辊系统

在支撑辊弯辊系统中，有以下几种施加弯辊力的方式：直接作用于支撑辊辊身；作用于支撑辊外轴承座；作用于支撑辊主轴承座。

　　在直接施加弯辊力的情况下，弯辊力既可以通过一个单一的辊子（图 4-22a），也可以通过一组与支撑辊辊身接触的辊子产生作用。在图 4-22b 所示的装置中，通过调节支撑在支撑辊上的分段支撑垫块来施加弯辊力。图 4-22c 所示的装置则通过一个支撑在支撑辊上的柔性垫块来产生弯辊力。

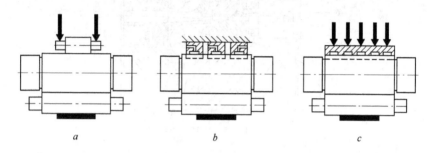

图 4-22　弯辊力作用于辊身的支撑辊弯辊系统

　　弯辊力还可以直接（图 4-23a）或通过可调长度的杠杆（图 4-23b）来作用于支撑辊外轴承座上。在三轴承座的设计中（图 4-23c），通过对轧辊端外侧的两个轴承座施加反方向力，来实现弯辊。

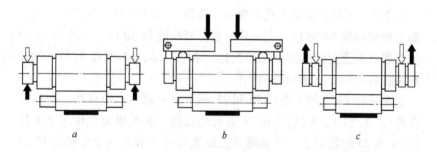

图 4-23　弯辊力作用于外轴承座的支撑辊弯辊系统

　　通过使用安装在轴承座内侧（图 4-24a）或外侧（图 4-24b）的液压缸可以实现对主轴承座施加弯辊力。图 4-24c 所示的装置中，弯辊力矩作用于支撑套心轴承座上。

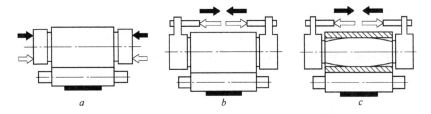

图 4-24　弯辊力作用于主轴承座的支撑辊弯辊系统

4.5.5　分段冷却控制技术

　　所谓分段冷却就是利用轧制油对支撑辊和工作辊局部进行分段冷却控制，以达到对带材横向张力分布中倾辊、弯辊无法补偿的复杂不良张力分布情况进行调节的目的。

　　分段冷却控制技术是冷轧生产中最为常用的一种板形控制方法。其控制原理，就是通过对局部冷却液流量的调整，来改变轧辊局部的热凸度，从而起到控制板形的作用。例如，如果轧机操作人员在生产过程中发现产品局部偏松，这时就可以相应加大偏松部位所对应轧制油喷嘴的流量，由于轧制油的温度远低于变形区内轧辊的温度，加大轧制油流量后，其相应部位轧辊的热凸度就会减小，这样，就可以相应地减小偏松部分的变形量，从而达到改善板形的目的。

　　由于分段冷却控制的调整比较灵活，适用的范围广，调整的效果也较好，所以，在冷轧过程中，分段冷却控制是控制板形最常用的一种手段。从理论上讲，分段冷却控制调节可以对任何板形缺陷进行控制，但它受到两个条件的限制，一是当采用板形自动控制后，其响应速度较慢，一般为 5～12s，而倾辊、弯辊控制的响应时间仅为 1s 以内；二是轧制油的流量及油温受工艺润滑及冷却的限制，流量不能过大也不能过小，油温不能过高也不能过低。

4.5.6　轧辊横移技术

　　轧辊横移系统的主要目的是扩大板带凸度的控制范围、减少板带横断面上的边部减薄和重新分布板带边缘附近轧辊的磨损。

　　轧辊横移系统可分为轴向移动圆柱形轧辊、轴向移动非圆柱形轧辊和轴向移动带套轧辊等 3 类。

采用轴向移动圆周形轧辊的轧机包括 HC 轧机和 UC 轧机两类。

轴向移动非圆柱形轧辊的轧机主要有 CVC 轧机、UPS 轧机和 K-WRS 轧机。这些轧辊辊型均用多项式来表示，举例如下：

CVC 辊型：

$$Y = 0.0001634x^3 - 0.3021x$$

UPS 辊型：

$$Y = -0.0002374x^3 + 0.00259x^2 + 0.00564x$$

K-WRS 辊型：

$$Y = 0.00000081x^4 - 0.000034x^3 - 0.000295x^2 + 0.015x$$

式中　x——距轧机中心线的距离。

4.5.7　轧辊交叉技术

轧辊交叉系统的主要目的是改变辊缝形状，使得距轧辊中心越远的地方辊缝越大。这种设计的板凸度控制功能与采用带凸度的工作辊相同。轧辊交叉系统有：

（1）只有支撑辊交叉的支撑辊交叉系统，如图 4-25a 所示。

（2）只有工作辊交叉的工作辊交叉系统，如图 4-25b 所示。

（3）每组工作辊与支撑辊的轴线平行，而上下辊系交叉的对辊交叉系统，如图 4-25c 所示。

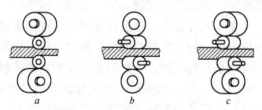

图 4-25　轧辊交叉系统

4.5.8　轧辊热喷淋板形控制技术

轧机连续运行一段时间后，辊系间的热平衡虽已建立，但整个工作辊面上仍然会存在 5～10℃ 的温差。在辊身中部与带材接触区域，变形热集中，辊面温度最高，但温度分布相对平缓；轧辊两端无料区及辊颈处因散热最快，温度最低；与轧件边部接触的两个区域辊面的温度梯度最大。其结果是带材边部形成紧边，距边部 10~20mm 处表现为细小的波浪。这类板形缺陷不同于通常的二肋波浪，而是一种更严重的板形缺陷。由此澳大利亚工业自动化服务公司开发了一套轧辊边部热喷淋控制系统，该系统主要由计算机控制软件和边部热喷淋系统组成。在轧辊两侧安装有两个热喷淋装置，每个装置上安装有数个喷嘴，每个喷嘴的控制范围为 25mm，在轧机工作时实施边部喷淋加热，热油供应是由从轧机净油箱中分离出的一个单独系统来完成，有单独的温控装置，热油温度约为 70~85℃。该系统有效地解决了高速轧制时因轧辊热凸度引起的边部紧的板形缺陷，提高了轧制速度，减少了断带几率。轧辊边部热喷淋控制系统具有投资小，改造周期短的特点，较适合已建设备的在线改造。

5 铝及铝合金冷轧工艺

5.1 铝及铝合金冷轧用坯料的种类、制备方法与质量要求

5.1.1 坯料的种类及制备方法

受冷轧机开口度的限制，冷轧用铝及铝合金坯料的厚度一般为 2.0～7.0mm。坯料根据生产工艺不同，主要分为连续铸轧坯料、连铸连轧坯料和热轧坯料。

5.1.1.1 连续铸轧坯料

连续铸轧坯料是指采用连续铸轧工艺生产的冷轧坯料，其生产工艺流程如图 5-1 所示，静置炉内的金属熔体经在线除气、过滤后由供料嘴输送至铸轧机构辊缝间，经连续轧制成为板带坯料，经剪切后由卷取机卷成卷材。

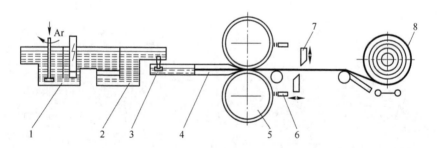

图 5-1　铸轧工艺流程图

1—除气系统；2—过滤系统；3—液面控制；4—铸嘴；
5—铸轧机；6—喷涂系统；7—剪切机；8—卷取机

连续铸轧坯料的生产成本较低，有利于降低冷轧产品的生产成本。但由于铸轧坯料生产过程中可调控最终制品组织、性能、板形、尺寸精度和表面质量的工艺环节较少，在控制产品组织状态和尺寸精

度方面存在一定的不足，产品品种受到限制，目前铸轧坯料主要用于
1×××系和3×××系产品的生产。

5.1.1.2 连铸连轧坯料

连铸连轧坯料是指采用连铸连轧工艺生产的冷轧坯料，与连续铸
轧坯料相同，主要用于1×××系和3×××系产品的生产。按连铸
机生产装备分类，板带坯连铸连轧生产线主要有以下几种。

A 双钢带式连铸连轧生产线

双钢带式连铸连轧生产线的生产过程如图 5-2 所示，熔体通过流
槽进入前箱，再通过供料嘴进入铸造腔与上、下钢带接触，钢带通过
冷却系统高速喷水冷却带走铝熔体热量，从而凝固成铸坯，在出口
端，钢带与铸坯分离，并在空气中自然冷却。钢带重新转动到入口端
进行铸造，循环往复，从而实现连续铸造。

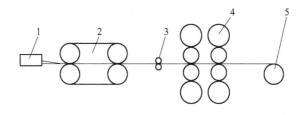

图 5-2 双钢带式连铸连轧生产线示意图
1—供流系统；2—连铸机；3—牵引机；4—热轧机；5—卷取机

带坯离开铸造机后，通过牵引机进入单机架或多机架热轧机，轧
制成冷轧带坯，完成连铸连轧过程。

B 双履带式连铸连轧生产线

双履带式连铸连轧生产线的生产过程如图 5-3 所示，该生产线的
工作原理与双钢带式连铸连轧生产线相同，主要的区别在于构成结晶
腔的上、下两个面不是薄钢带，而是两组作同一方向运动的急冷块。

C 轮带式连铸连轧生产线

轮带式连铸连轧生产线主要由供流系统、连铸机、牵引机、剪切
机、一台或多台轧机、卷取机等组成。轮带式连铸机由一个旋转的铸
轮及同该轮相互包络的薄钢带构成。通过铸轮与钢带不同的包络方

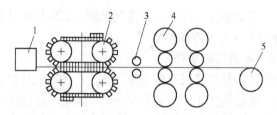

图5-3　双履带式连铸连轧生产线示意图

1—供流系统；2—连铸机；3—牵引机；4—热轧机；5—卷取机

式，形成了不同种类的连铸机。

图 5-4 为一种典型的轮带式连铸连轧生产线示意图，其工作原理是，铝熔体通过中间包进入供料嘴，再进入由钢带及装配于结晶轮上的结晶槽环构成的结晶腔入口，通过钢带及结晶槽环把热量带走，从而凝固，并随着结晶轮的旋转，从出口导出，进入粗轧机或精轧机，实现连铸连轧过程，也可直接铸造薄带坯而不经轧制。

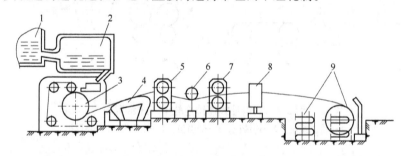

图5-4　轮带式连铸连轧生产线示意图

1—熔炼炉；2—静置炉；3—连铸机；4，6—同步装置；

5—粗轧机；7—精轧机；8—液压剪；9—卷取装置

5.1.1.3　热轧坯料

热轧坯料是指采用热轧工艺生产的冷轧坯料，其工艺流程是：铸锭（均匀化）→铣面、铣边→加热→热轧（开坯轧制）→热精轧（卷取轧制）→卸卷。热轧设备主要包括铸锭铣面装置、铸锭加热装置和热轧机，其中热轧机的主要机型有：四辊单机架单卷取热轧机、四辊单机架双卷取热轧机、四辊热粗轧＋热精轧（即 1＋1）、热粗轧＋多机架热精轧等，如图5-5 所示。

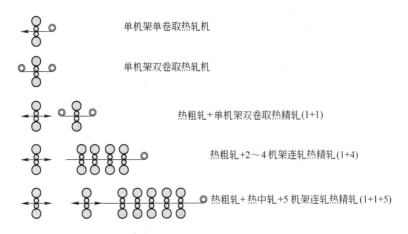

单机架单卷取热轧机

单机架双卷取热轧机

热粗轧+单机架双卷取热精轧(1+1)

热粗轧+2～4机架连轧热精轧(1+4)

热粗轧+热中轧+5机架连轧热精轧(1+1+5)

图5-5 四辊热轧机主要机型示意图

由于热轧是在金属再结晶温度以上进行的轧制，因此变形金属同时存在硬化和软化过程，因变形速度的影响，只要回复和再结晶过程来不及进行，金属随变形程度的增加会产生一定的加工硬化。但在热轧温度范围内，软化过程起主导作用，因而，在热轧终了时，金属的再结晶通常不完全，热轧后的铝合金板带材呈现为再结晶与变形组织共存的组织状态。与连续铸轧和连铸连轧坯料相比，热轧坯料在板形质量、组织和性能稳定性方面具有明显的优势。

单机架双卷取热轧机组和4机架热连轧机组组成示意图如图5-6和图5-7所示。

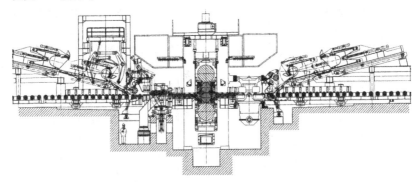

图5-6 单机架双卷取热轧机组组成示意图

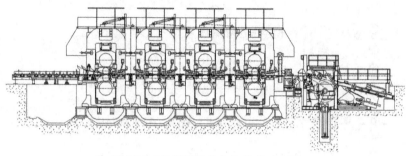

图 5-7 4 机架热连轧机组组成示意图

5.1.2 坯料的质量要求

坯料的质量要求主要包括化学成分、尺寸精度、板形质量、外观质量和组织要求等几个方面，表 5-1 为西南铝业（集团）有限责任公司某冷轧产品的坯料质量要求。

表 5-1 西南铝业(集团)有限责任公司某冷轧产品的坯料质量要求

种类	尺寸偏差/mm			中凸度 /%	楔形率 /%	化学成分	低倍组织	外观质量
	厚度	宽度						
		切边	不切边					
连铸连轧坯料	厚度不大于 1.0mm 时，偏差小于 ±4%；厚度大于 1.0mm 时，偏差小于±3%	±2.0	+10 /-0	0.2~1.0		符合相关合金要求	上下表面晶粒度均匀对称，不超过 2 级	(1) 表面平整、洁净，不允许有影响后期使用及轧制质量的缺陷。(2) 边部应整齐，不切边带材工艺裂边及缩边深度不超过 7mm，不允许有飞边和影响使用的非均匀性裂边。切边带材边部不允许有裂边、毛刺。(3) 错层不大于 3mm（内 3 圈外 2 圈除外），塔形不大于 10mm。(4) 带材不允许有接头；厚度大于 2.0mm 时内圈两侧应焊接

种类	尺寸偏差/mm			中凸度/%	楔形率/%	化学成分	低倍组织	外观质量
	厚度	宽度						
		切边	不切边					
热轧坯料	厚度不大于3.0mm时,偏差小于±0.10mm;厚度大于3.0mm时偏差小于±0.15mm;整卷厚度变化不应大于3%	±5.0		0.1~1.0		符合相关合金要求	符合相关合金要求	(1)表面为轧制表面,加工良好,质地均匀,不允许有影响后期使用及轧制质量的缺陷。(2)带材应卷紧、卷齐,端面应无裂边、毛刺、碰伤、划伤;内圈只允许有半圈松层。(3)错层小于4mm,塔形小于25mm。(4)带材内、外圈两侧应焊接

5.2　铝合金冷轧压下制度

冷轧压下制度主要包括总加工率的确定和道次加工率的分配。一般把两次退火之间的总加工率,称中间冷轧总加工率;而为控制产品最终性能及表面质量,所选定的总加工率称成品冷轧总加工率。

5.2.1　中间冷轧总加工率

在合金塑性和设备能力允许的条件下,铝合金的中间冷轧总加工率一般尽可能取大一些,以最大限度地提高生产率。确定总加工率的原则是:

(1)充分发挥铝合金塑性,尽可能采用大的总加工率,减少中间退火或其他工序,缩短工艺流程,提高生产率和降低成本;

(2)保证产品质量,防止因总加工率过大导致裂边、断带和表面质量恶化等,而且总加工率不能位于临界变形程度范围,以免退火后出现大晶粒及晶粒大小不均;

（3）充分发挥设备能力，保证设备安全运转，防止损坏设备部件或烧坏电机等事故出现。

实际生产中，中间冷轧总加工率的大小与设备结构、装机水平、生产方法及工艺要求有关。同一种铝合金，通常在多辊轧机及自动化装备水平高的轧机上，冷轧总加工率要大一些。

5.2.2　成品冷轧总加工率

成品冷轧总加工率的确定，主要取决于技术标准对产品性能的要求。因此，应根据产品不同状态或性能要求，确定成品冷轧总加工率。

（1）硬或特硬状态产品，其最终性能主要取决于成品冷轧总加工率。根据技术标准对产品性能的要求，按金属力学性能与冷轧加工率的关系曲线，确定成品冷轧总加工率的范围。然后，经试生产，通过性能检测，确定冷轧总加工率的大小。

（2）半硬状态产品，冷轧总加工率可以根据对其性能的要求，按金属力学性能与冷轧加工率的关系曲线确定；也可以利用冷轧至全硬状态后，经低温退火控制性能。

半硬状态产品，采用加工率控制性能，操作较方便，性能控制较准确且稳定。一般热处理工艺在设备较落后，或轧机能力较小及合金退火工艺要求极严格的情况下，大多采用加工率控制性能。采用低温退火控制性能，在设备条件允许的情况下，可增大成品冷轧总加工率，减少工序，缩短生产周期，同时有利于板形及尺寸精度控制。但是，低温退火必须采用严格的退火工艺制度，先进的热处理设备，才能保证产品性能均匀稳定。一般现代化水平较高的工厂，大多采用低温退火控制性能。

（3）软状态产品的性能主要取决于成品退火工艺，但退火前的成品冷轧总加工率，对成品退火工艺及最终力学性能，也有很大影响。总加工率越大，再结晶退火温度可相应降低，退火时间缩短，且伸长率较高。

软态产品多数用来做深冲或冲压制品。因此除保证强度和伸长率要求之外，还要控制深冲值和一定的晶粒度。深冲值与晶粒度大小有关，所以软态产品应根据第一类再结晶图（加工率、退火温度和晶粒度的关系图）确定成品冷轧总加工率。

（4）对表面光亮度要求较高的产品，常用抛光轧辊进行抛光轧制。因为不确定一定冷轧加工率得不到光洁的表面，而加工率太大也起不到抛光表面的作用。所以，成品冷轧总加工率应预留一定的抛光轧制加工率（一般为3%~5%左右）。

5.2.3 道次加工率的分配

冷轧总加工率确定之后，应合理分配各道次的加工率。分配道次加工率的基本要求是：在保证产品质量、设备安全的前提下，尽量减少道次，采用大加工率轧制，提高生产效率。

具体分配道次加工率的一般原则是：

（1）通常第一道次加工率较大，以充分利用金属塑性，往后随加工硬化程度增加，道次加工率逐渐减小；

（2）保证顺利咬入，不出现打滑现象，轧制厚板带时需要更加注意；

（3）分配道次加工率，应尽量使各道次轧制压力接近，对稳定工艺、调整辊型有利，尤其对精轧道次更重要；

（4）保证设备安全运转，防止超负荷损坏轧机部件与主电动机。生产中，根据设备、工艺条件及产品要求，可适当调整道次加工率。

冷轧的道次分配方法是一般先按等压下率分配，计算公式如下：

$$\varepsilon \approx \left[1 - \left(\frac{h}{H} \right)^{\frac{1}{n}} \right] \times 100\% \qquad (5\text{-}1)$$

式中 　ε——压下率，%；

　　　H——坯料厚度，mm；

　　　h——成品厚度，mm；

　　　n——所需要轧制的道次。

轧制道次数的多少要结合材料塑性、设备条件、润滑条件、厚差控制、板形控制、表面控制的要求和平时工作经验进行安排。

例如，坯料厚度4.5mm，最终成品厚度0.24mm，需五道次轧到成品，按公式（5-1）计算出每道次平均压下率为 $\left[1-\left(\dfrac{0.24}{4.5}\right)^{\frac{1}{5}}\right]\times$ 100% = 44%，则各道次压下分配如下：

4.5mm → 2.52mm（4.5 × 56%）→ 1.41mm（2.52 × 56%）→

0.79mm（1.41 × 56%）→ 0.44mm（0.79 × 56%）→ 0.24mm

在做完等压下分配后，结合上述条件的具体要求对道次变形量进行调整。某 1850mm 不可逆冷轧机部分常见产品压下量分配如表 5-2 所示。

表 5-2　某 1850mm 不可逆冷轧机部分产品压下量分配表

合金	成品厚度/mm	轧制道次	厚度/mm		压下量		累计压下量		备注
			入口厚度	出口厚度	绝对压下量/mm	相对变形率/%	绝对压下量/mm	相对变形率/%	
1100	0.45	1	4.5	2.3	2.2	48.9	2.2	48.9	
		2	2.3	1.3	1.0	43.5	3.2	71	
		3	1.3	0.7	0.6	46	3.8	84.4	
		4	0.7	0.45	0.25	35.7	4.05	90	
3003	0.5	1	4.5	2.4	2.1	46.7	2.1	46.7	
		2	2.4	1.3	1.1	45.8	3.2	71.1	
		3	1.3	0.8	0.5	38.5	3.7	82.2	
		4	0.8	0.5	0.3	37.5	4.0	88.9	
5042	0.5	1	4.0	3.0	1.0	25	1.0	25	轧后退火
		2	3.0	2.0	1.0	33.3	2.0	50	
		3	2.0	1.2	0.8	40	2.8	70	
		4	1.2	0.8	0.4	33.3	3.2	80	
		5	0.8	0.5	0.3	37.5	3.5	87.5	
铸轧毛料 1100	0.3	1	6.0	3.0	3.0	50	3.0	50	轧后退火
		2	3.0	1.6	1.4	46.7	4.4	73.3	
		3	1.6	0.8	0.8	50	0.8	50	
		4	0.8	0.45	0.35	43.8	1.15	71.9	
		5	0.45	0.3	0.15	33.3	1.3	81.2	

5.3 铝合金冷轧张力

5.3.1 张力的作用

张力通常是指前后卷筒给带材的拉力，或者机架之间相互作用使带材承受的拉力。

通常带材轧制时必须使用张力，张力的主要作用为：

（1）降低单位压力，调整主电机负荷。

张力的作用使变形区的应力状态发生了变化，减小了纵向的压应力，从而使轧制时金属的变形抗力减小，轧制压力降低，能耗下降。前张力使轧制力矩减小，而后张力使轧制力矩增加。当前张力大于后张力时，能减轻主电机负荷。

（2）调节张力可控制带材厚度。

改变张力大小可改变轧制压力，从弹跳方程可知，轧出厚度也将随之发生变化。增大张力能使带材轧得更薄，因为张力降低轧制压力，则轧辊弹性压扁与轧机弹跳减小，在不调压的情况下，可将轧件进一步压薄。

（3）调整张力可以控制板形。

张力能改变轧制压力，影响轧辊的弹性弯曲从而改变辊缝形状。因此，通过调整张力大小控制辊形，实现板形控制。此外，张力能促使金属沿横向延伸均匀，以获得良好板形。

（4）防止带材跑偏，保证轧制稳定。

轧制中带材跑偏的原因在于带材在宽度方向上出现了不均匀延伸，防止带材跑偏（带材偏离轧制中心线）是实现稳定轧制的重要措施。张力纠偏的原理在于：当轧件出现不均匀延伸时，沿宽度方向张力分布将发生相应的变化，延伸大的部分张力减小，而延伸小的部分则张力增大，从而产生自动纠偏作用。

张力纠偏同步性好、无控制滞后。张力纠偏的缺点是张力分布的改变不能超过一定限度，否则会造成裂边、压折甚至断带。

5.3.2 张力的大小

轧制过程只有合理选择张力大小，才能充分发挥张力轧制的作用，从而很好地控制产品质量和稳定轧制过程。

张力大小的确定要视不同的金属和轧制条件而定，但至少要遵循三个原则：一是最大张应力值不能大于或等于金属的屈服强度，否则会造成带材在变形区外产生塑性变形，甚至断带破坏轧制过程，使产品质量变坏。二是最小张力值必须保证带材卷紧卷齐。三是开卷张力要小于上道次的卷取张力，否则会出现层间错动，形成损伤。

实际生产中张力的范围按下式选择：

$$q = (0.2 \sim 0.24)R_{P0.2} \tag{5-2}$$

式中 q——张力，MPa；

$R_{P0.2}$——金属在塑性变形为 0.2% 时的屈服强度，MPa。

一般来说，后张力大于前张力，带材不易拉断，保证带材不跑偏，即较平稳地进入辊缝，降低轧制压力后张力比前张力更显著，但过大的后张力会增加主电机负荷，如来料卷较松会造成擦伤等。相反后张力小于前张力时，可以降低主电机负荷，在工作辊相对支撑辊的偏移很小的四辊可逆式带材轧机上，后张力小于前张力有利于轧制时工作辊的稳定性，能使变形均匀，对控制板形效果显著，但是过大的前张力会使带材卷得太紧，退火时易产生黏结，轧制时易断带。

5.4   铝及铝合金轧制时的摩擦与润滑及工艺润滑油的选择

5.4.1   润滑与摩擦

润滑是在相对运动的两个接触表面之间加入润滑剂，从而使两摩擦面之间形成润滑膜，将直接接触的表面分隔开，变干摩擦为润滑剂分子间的内摩擦，从而降低磨损，延长设备使用寿命，提高工件的表面质量。

润滑与摩擦的关系密切。摩擦的类别取决于摩擦条件，从润滑角度来讲，常按摩擦面之间有无润滑材料及润滑剂的状态来划分，一般分为干摩擦、液体摩擦、边界摩擦和混合摩擦。

摩擦面之间没有润滑剂存在时发生的摩擦，称为干摩擦。在有流体润滑过程中呈现的摩擦现象称为流体摩擦，一般也称液体摩擦。边界摩擦又称边界润滑，它是相对运动的两表面被极薄的润滑剂吸附层隔开，能够起到降低摩擦和减少磨损的作用。混合摩擦包括液体摩擦、边界摩擦和干摩擦三部分。

5.4.2　冷轧用工艺润滑油

现代化冷轧机的轧制力达到千吨以上，轧制速度则接近2000m/min。金属在这样高速变形过程中产生很大的变形抗力，一方面由于金属内部分子间的摩擦产生大量的热能；另一方面，带材的减薄（延伸）又不可避免地使轧辊与轧件表面发生相对运动。所以在冷轧过程中，为了减小轧辊与带材之间的摩擦、降低轧制力和功率消耗，使带材易于延伸，提高产品质量，需要在轧辊和带材接触面间加入工艺润滑冷却液。目前冷轧设备大量使用矿物油作为润滑、冷却介质。

5.4.2.1　冷轧工艺润滑油的基本要求

选择冷轧工艺润滑油时，一般要注意以下几个方面：

（1）适当的油性，即在极大的轧制压力下，仍能形成边界油膜，以降低摩擦阻力和金属变形抗力；减小轧辊磨损，延长轧辊使用寿命；增大压下量，减少轧制道次，节约能量消耗。但也要考虑到轧辊与铝带之间必须的摩擦力，才能使铝带顺利咬入轧辊。摩擦系数过低，轧辊和铝带将会打滑，所以润滑性能必须适当。

（2）良好的冷却能力，即能最大限度地吸收轧制过程中产生的热量，达到恒温轧制，保证轧辊辊形，使轧件厚度保持均匀，板形质量良好。

（3）对轧辊和轧件表面有良好的冲洗清洁作用，去除外界混入的杂质、污物，提高轧件的表面质量。

（4）良好的理化稳定性，在轧制过程中，不与金属发生化学反应，不影响金属的物理性能及表面质量。

（5）良好的退火清洁性。在热处理过程中，要求工艺润滑油不因其残留在带材表面而发生严重的退火烧结现象。

（6）过滤性能好。在现代高速冷轧机上，为了提高带材表面质量，在线采用高精度的过滤装置（如硅藻土）去除油中的杂质，此时，要求工艺润滑油过滤性能良好，满足轧机大流量的需求。

（7）氧化稳定性好，延长工艺润滑油的使用寿命，降低生产成本。

（8）不应含有损害人体健康的物质和带刺激性的气味。

（9）油源广泛，易于获得，成本低。

5.4.2.2 冷轧轧制油的理化指标及配制

铝材冷轧用润滑剂包括乳化液和轧制油。冷轧乳化液一般为水包油型，只在个别老式轧机上使用，其成分一般为：机油 80% ~ 85%、油酸 10% ~ 15%、三水乙醇胺 5% 左右配制成乳剂，再加入 90% ~ 97% 的水搅拌而成。现代化的冷轧机一般都采用轧制油进行全油润滑，轧制油由基础油和极性添加剂组成。

A 轧制油理化指标

现代化的冷轧机采用的工艺润滑油通常需要监测以下几组指标。

a 运动黏度

黏度是液体的内摩擦，黏度的高低反映了流体流动阻力的大小，实质上是取决于分子间的相互作用。分子间相互吸引力愈强，分子的移动阻力就愈大。在轧制油中起作用的分子间力是范德华力，这种力可以决定轧制油的黏度。

运动黏度作为轧制油的一个重要性能指标，直接影响到轧制变形区的油膜厚度，即轧制的润滑性能。此外，轧制油的黏度还影响轧后产品表面质量。黏度太高不利于轧制，使产品表面光洁程度变差；黏度太低，形成的油膜太薄，润滑性能变差，造成轧制力增大从而使轧辊容易粘铝，影响产品表面质量。

b 闪点

在规定条件下，当基础油达到一定的温度时，基础油蒸气与周围空气的混合气一旦与火焰接触，即发生闪火现象，最低的闪火温度称为闪点。闪点是油品安全性能的主要指标，是出现火灾危险的最低温度。馏分的组成越轻，油的闪点越低，火灾危险性越大。

闪点分为开口闪点和闭口闪点，闭口闪点的温度低于开口闪点，所以为了保障轧制的安全性，通常在选择基础油时要求闭口闪点应大于 90℃。

c 硫含量

硫对金属有腐蚀作用，故应严格控制轧制油中的硫含量。

d 馏程

馏程指在原油的提炼过程中选取基础油的蒸馏温度宽度，即从初馏点到终馏点的温度范围。初馏点反映轧制油的使用安全性，较低初馏点的基础油在轧制中易引发火灾；终馏点反映轧制油使用过程中的清洁性，终馏点太高，产品退火时易形成油斑，影响产品的表面质量。基础油的馏程范围度越窄越好，目前一般用工业基础油的馏程宽度为 30～40℃。

e 芳烃含量

芳烃在医学上被怀疑具有致癌性，且油品在长期使用过程中，芳烃还会不断被氧化产生胶质，在热处理过程中因其不能被完全燃烧，易炭化沉积，附着在冷轧带材表面形成油斑，严重影响产品的质量，因此在选择基础油时应充分考虑该指标的含量。

B 轧制油的配制

a 基础油的选择

对于轧制速度小于 200m/min 的低速轧机，基础油多采用机油；对于高速轧机，一般采用窄馏分煤油，其主要成分是一定范围内不同碳数的烷烃及少量的芳烃，碳链结构的长短和黏度、馏程有关，烃类的碳链越长，其馏程越高，黏度越高。根据基础油的组成不同，分为石蜡系和环烷系两种，其特点如表5-3所示。

表5-3 石蜡系和环烷系基础油特点对比

基础油	密度（相同黏度下）	黏度指数	热容	残碳	闪点（相同黏度下）	相对分子质量	橡胶膨胀	苯胺点
石蜡系	小	高	大	多	高	大	小	高
环烷系	大	低	小	少	低	小	大	低

根据冷轧所轧制的铝材特点，可选择馏分稍高的基础油。基础油的黏度高，其油膜强度高，承载能力大，适合大压下量、高速轧制。但馏分越高，退火清洁性越差，所以一般情况下，冷轧应选用黏度在 $2.0～2.6mm^2/s$ 左右的基础油；典型基础油的理化性能如表 5-4 所示。

表5-4 典型基础油的理化性能

油 品	SOMENTOR35	MR924
密度(20℃)/g·cm^{-3}	0.805	0.762
运动黏度(40℃)/mm^2·s^{-1}	2.703	2.1
闭口闪点/℃	95	110
硫含量/mg·kg^{-1}	0.005	0.37
馏程/℃	240~274	230~265
芳烃含量/%	0.4	0.75
链烃含量/%	61.5	99.8
环烃含量/%	38.1	0.2
C9~11/%	2.162	0.027
C12~15/%	68.994	98.998
C15以上/%	27.834	0.02

b 添加剂的选择

添加剂由极性分子组成，它能吸附在金属表面上形成边界润滑油膜，防止轧辊与轧件之间直接接触，保持摩擦界面良好的润滑状态，添加剂极性越大，在金属表面的吸附能力越强，润滑性能越好，但越容易形成退火油斑。因此，在选择添加剂时必须考虑两者之间的关系。

常用的添加剂包括酯、醇、脂肪酸三类，其特性及理化性能如表5-5、表5-6所示。

表5-5 酯、醇、脂肪酸三类添加剂特性对比

添加剂类别	油膜厚度	油膜强度	光泽	退火脱脂性	润湿性	磨粉分散性	热稳定性	寿命
酯	厚	强	差	一般	差	中	良	良
醇	薄	弱	优	优	优	小	一般	优
脂肪酸	薄	强	良	差	良	大	差	差

表5-6 常用典型添加剂的理化性能

添加剂	WYROL10	WYROL12
类 型	酯 类	醇 类
运动黏度(40℃)/mm^2 · s^{-1}	2.5	8.6
馏程/℃	200 ~ 350	230 ~ 330
灰分/%	0.005	0.005
闪点/℃	80	105
酸值/mgKOH · g^{-1}	0.5	0.1
皂化值/mgKOH · g^{-1}	97	22
羟值/mgKOH · g^{-1}	0	220 ~ 230
倾点/℃	6	18
密度/kg · m^{-1}	845	835
色度 ASTM	0.5	0.5

c 配制

轧制油的配制必须满足轧制工艺的要求。合理的配比应该根据生产工艺、设备状况的不同从实践中总结。

5.4.3 轧制油过滤

在铝带材的冷轧过程中会有大量的铝屑、铝粉、灰尘及其他微小颗粒进入轧制冷却润滑液（以下简称轧制油）中，使轧制油变黑，降低轧制油的使用寿命及带材表面质量。要想获得较好表面质量的铝带材，就要求轧制中使用的轧制油具有很好的透光率及清洁度。目前在铝带材冷轧过程中主要采用过滤方式获得高透光率、清洁度的轧制油。

5.4.3.1 过滤设备

根据过滤颗粒的尺寸大小，可以分为粗过滤及精过滤两类。

粗过滤一般采用网式、缝隙式过滤器，此类过滤一般只能过滤直径0.1~0.3mm以上的颗粒，过滤后的轧制油远远不能满足现代冷轧的需要，通常情况下都是采用粗过滤器与精过滤器相结合的方式进行轧制油过滤。

　　精过滤器可过滤轧制油中直径在 0.5～2μm 以上的颗粒，但在过滤过程中，精过滤一般会采用辅助过滤元件。辅助过滤元件又可分为两类：一类是平面过滤元件，如滤纸、滤布、卡普伦等；另一类为体积过滤元件，如陶瓷、活性炭、硅藻土、白土、纤维素等。

　　精过滤器有不同的结构，下面介绍四种容积式过滤器。

　　A　填料式过滤器

　　将过滤介质装入布袋内，使脏油透过布袋，采用人工处理过滤介质的办法来进行过滤器的清洗（如图 5-8 所示）。

　　B　管式过滤器

　　过滤介质填充于立式管路中，当形成一定的过滤层之后经它们过滤脏的轧制油。当过滤器外壳达到极限压力时，把过滤器与系统分开，借助反向的流体冲击使附着物与过滤介质分离，并从过滤器中放出（如图 5-9 所示）。

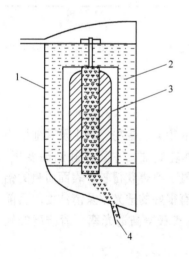

图 5-8　填料式过滤器示意图

1—过滤器外壳；2—钻孔的圆筒；
3—装有过滤剂的布袋；4—净油出口

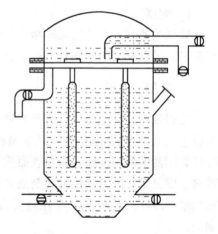

图 5-9　管式过滤器

　　C　圆盘式过滤器

　　在立式圆筒中，空心圆盘式过滤元件水平固定在立轴上，经圆盘上的过滤介质实现过滤，并采用旋转圆盘的方法排出过滤介质中的污垢层（如图5-10所示）。

D 平板式过滤器

目前，冷轧过程中使用的轧制油过滤装置主要是此类板式过滤器（如图5-11所示）。其特点是过滤能力大、过滤精度高。过滤能力的大小，主要取决于滤箱板的面积，一般高速冷轧机的过滤面积约为 $20 \sim 25m^2$，过滤能力约为 $2000 \sim 3000L/min$，过滤精度主要依靠过滤介质、过滤助剂及过滤工艺的匹配来实现，其公称过滤精度可达 $0.5\mu m$，过滤后净油的灰分含量小于 0.05%。

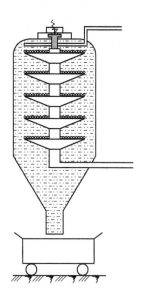

图 5-10 圆盘式过滤器

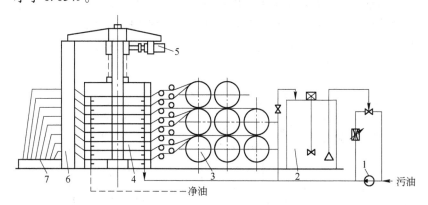

图 5-11 平板式过滤器外形示意图

1—过滤泵组；2—混合搅拌箱；3—过滤介质；4—滤板箱；
5—压紧机构；6—走纸机构；7—集污箱

5.4.3.2 过滤工艺

A 过滤原理

将过滤助剂与污染的轧制油混合后，通过管路预涂在过滤介质上

（图 5-12），形成厚度约 3 ~ 10mm 的滤饼，脏的轧制油通过时，铝屑及脏物会被过滤助剂吸附，并阻留在过滤助剂中，从而达到净化轧制油的目的。

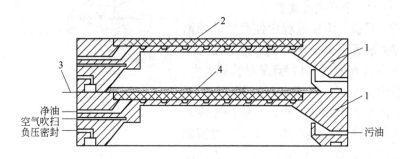

图 5-12　平板式过滤器原理示意图

1—滤板箱体；2—过滤网；3—过滤介质；4—过滤助剂

B　过滤介质

目前，板式过滤器所使用的过滤介质主要是过滤纸、无纺布，它是过滤助剂的载体，需要有足够的强度，足够小的孔隙度。在过滤过程中起到承载过滤助剂混合物及走纸时快速排出滤饼的作用。其主要技术指标如表 5-7 所示。

表 5-7　典型过滤介质主要指标

项目	重量 /$g \cdot m^{-2}$	厚度 /mm	通气量 /$mL \cdot cm^{-2} \cdot s^{-1}$	通水量 /$mL \cdot cm^{-2} \cdot s^{-1}$	孔隙度 /μm		抗拉强度 /$N \cdot (5cm)^{-1}$		伸长率/%	
					最大孔径	最小孔径	纵向	横向	纵向	横向
指标	80	0.2	≥160	≥75	60	30	110 ~ 130	90 ~ 110	12	10
	90		≥90	≥45			125 ~ 160	100 ~ 120	15	12

C　过滤助剂

过滤助剂目前广泛使用的是硅藻土、活性白土，部分工厂在开展纤维素的试验工作，主要因为纤维素过滤后的滤饼在后续处理上优于硅藻土及活性白土，但其成本较高，使用不方便，目前还未能够大范围地推广使用。

a 硅藻土

硅藻土是一种硅酸盐，具有多孔性、较低的密度、较大的比表面积、相对不可压缩性及化学稳定性好的独特性能，在过滤中起着机械过滤作用。化学成分主要是 SiO_2，其含量高，化学稳定性好且骨架坚硬，吸附力强，能有效将 $0.5\mu m$ 以上的颗粒从轧制油中过滤掉，很大程度地提高轧制油的清洁度，SiO_2 含量一般控制在 85% 以上。硅藻土的颗粒分布和形貌对轧制油的过滤都有明显的影响，颗粒太小，过滤阻力上升快；颗粒太大，小的脏物能够从孔隙中通过，轧制油过滤不干净。硅藻土的主要技术指标及物理性能如表 5-8、表 5-9 所示。

表 5-8 硅藻土典型技术指标

项目	主要化学成分（质量分数）/%			pH 值	渗透率 /%	湿密度 /$g \cdot cm^{-3}$	比表面积 /$m^2 \cdot g^{-1}$	吸水度 /$g \cdot mL^{-1}$	150 目筛（0.104mm）/%
	SiO_2	Fe_2O_3	Al_2O_3						
指标	≥85	≤1.5	≤3.5	8~10	1.2~2.7	0.30~0.40	8~12	1.6~2.0	<12

表 5-9 硅藻土的物理性能

项目	形状	孔隙度/%	湿密度/$g \cdot cm^{-3}$	pH 值	水分/%	熔点/℃
指标	粉末状	80~95	0.24~0.7	8~10	<0.1	约1720

b 活性白土

活性白土由蒙脱石组成，是一种极性物质，本身无空隙。蒙脱石经过酸处理，其中的杂质被除去。由于小半径的氢离子交换层面有大半径的二价、三价钙、镁等阳离子，所以分子间的空隙、孔容得以增大，有利于吸附分子的扩散。因而活性白土有很高的吸附能力，可过滤轧制油中小于 $1\mu m$ 的金属粒子、金属皂液或胶体形式污物以及显微尺寸在 $1 \sim 10\mu m$ 左右的能使产品着色的物体，其脱色率可达 92% 以上，对提高轧制油的清洁度、透光率起重要作用。活性白土主要技术指标如表 5-10 所示。

表 5-10　活性白土技术指标

项　目	脱色率 /%	活性度 /Darcy	游离酸 /%	水分 /%	过滤速度 /mL·min⁻¹	堆积密度 /g·mL⁻¹
指　标	≥70	≥200	≤0.2	≤8.0	≥4.0	0.7~1.1

5.4.3.3　过滤过程

过滤过程分为助滤剂预涂、正常过滤（含重涂）和吹扫及更换过滤纸三个阶段，上述三个阶段为一个过滤周期。

预涂阶段：将硅藻土和白土按一定的比例加入搅拌桶，然后与污油箱中抽出的污油混合搅拌，搅拌后的混合液通过喷射阀进入滤板箱，在过滤纸上形成约 3~10mm 的滤土层后预涂阶段结束，此阶段从板式过滤器出来的油进入污油箱。

正常过滤阶段：油泵从污油箱中抽出污油，与从搅拌桶内抽出的混合液混合，进入滤板箱，从滤板箱中出来的油变得清亮，再回到净油箱，通过油泵输送到轧机使用。为了保证该阶段过滤出的轧制油始终符合过滤精度要求，在一定时间间隔内要向滤层涂上一定剂量的助滤剂，防止其过滤能力降低，随着过滤时间增加，过滤层逐渐加厚，污物不断堵塞滤层孔隙，滤板箱入口压力不断增高，当达到设定压力值时，需要更换过滤纸，结束正常过滤。

吹扫及更换滤纸阶段：干燥的压缩空气进入滤板箱，将滤层吹干，压缩机构反向移动，打开滤板箱，走纸机构拉出滤纸和滤饼，铺上新滤纸，合上滤板箱，吹扫更换滤纸阶段结束，进入下一个过滤周期。此阶段从板式过滤器出来的轧制油进入到污油箱。

5.4.3.4　过滤助剂的添加

过滤助剂的添加比例及添加量要根据不同轧机、轧制油状态合理调配，添加过少或过多都会影响轧制油的过滤效果及过滤周期（图5-13）。过滤助剂添加量与过滤周期的关系表明了过滤助剂的添加量对过滤周期的影响。

5.4.3.5　滤饼的处理

硅藻土与活性白土混合物在使用后虽经压缩空气反吹，但仍含有部分油渍，直接填埋后会对环境造成污染，目前采用的办法是先焚烧，然后再进行填埋。纤维素的处理过程相对简单，只需要进行焚烧就能彻底处理干净。

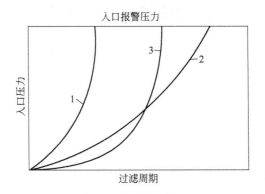

图 5-13 过滤助剂添加量与过滤周期的关系
1—添加过量；2—添加量最佳；3—添加不足

6 铝合金冷轧设备

6.1 二辊冷轧机

二辊冷轧机（图6-1）多以片材轧制为主，后发展为卷材生产，主要用于轧制窄规格的板带材。二辊冷轧机结构简单，没有现代意义的自动控制技术，在生产效率、尺寸精度、表面质量及板形质量控制等方面远远低于四辊冷轧机和六辊冷轧机。目前，二辊冷轧机已基本从主流铝加工企业淘汰，现在主要在一些小型铝轧制加工厂和实验室中使用。

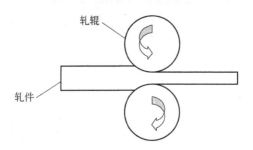

图6-1　二辊冷轧机示意图

6.2 四辊冷轧机

四辊轧机是铝合金冷轧加工中应用最广泛的轧机，在国内外都有大量应用，它在生产效率、尺寸精度、表面质量及板形质量控制等方面均明显优于二辊冷轧机，其轧机主体设备组成示意图如图6-2所示。

四辊冷轧机根据轧机的配置情况可分为老式、普通和现代三种。

老式轧机如西南铝业（集团）有限责任公司的1400mm四辊不可逆冷轧机和2800mm四辊不可逆冷轧机，主要参数如表6-1所示。

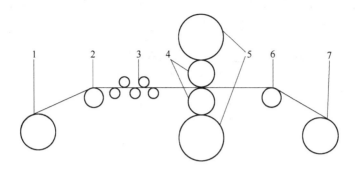

图6-2 四辊冷轧机主体设备组成示意图

1—开卷机；2—入口导向辊；3—张紧辊组；4—工作辊；5—支撑辊；

6—出口导向辊（或板形辊）；7—卷取机

表6-1 西南铝业（集团）有限责任公司1400mm、2800mm四辊不可逆冷轧机参数表

参　数			1400mm 四辊不可逆冷轧机	2800mm 四辊不可逆冷轧机
产品参数	来料	厚度/mm	0.2~4.0	≤10.0
		宽度/mm	600~1260	1060~2620
		最大卷重/kg	5000	10000
	成品	厚度/mm	0.2~3.0	0.5~4.0
		宽度/mm	600~1260	1060~2620
设备参数	工作辊	直径/mm	360~330	650~610
		长度/mm	1400	2800
	支撑辊	直径/mm	1000~960	1400~1300
		长度/mm	1340	2800
	最大轧制速度/m·min^{-1}		600	360
	最大轧制压力/kN		5390	19600
	辊缝调整		电动或液压调整	
	厚度控制		出口测厚仪在线测量厚度，调节辊缝控制厚度，控制精度差	
	板形控制		手动调节弯辊和分段冷却，无板形辊在线检测	

普通轧机如西南铝业（集团）有限责任公司的 1 号 1850mm 四辊不可逆冷轧机，其主要参数如表 6-2 所示。

表 6-2 西南铝业（集团）有限责任公司 1 号 1850mm
四辊不可逆冷轧机参数表

参　　数			西南铝业 1 号 1850mm 四辊不可逆冷轧机
产品参数	来料	厚度/mm	0.25 ~ 7.5
		宽度/mm	950 ~ 1700
		最大卷重/kg	11000
	成品	厚度/mm	0.15 ~ 2.0
		宽度/mm	950 ~ 1700
设备参数	工作辊	直径/mm	450 ~ 410
		长度/mm	1850
	支撑辊	直径/mm	1270 ~ 1230
		长度/mm	1720
	最大轧制速度/m·min^{-1}		1200
	最大轧制压力/kN		19000
	辊缝调整		用轧辊组下面的液压差动式缸和辊组上面的调整垫
	厚度控制		出口厚度仪在线检测厚度，通过辊缝控制、轧制压力控制、轧辊位置控制、轧辊弯曲控制来控制厚度
	板形控制		板形辊测量在线板形情况，自动控制轧辊倾斜、轧辊弯曲和轧辊分段冷却

新式轧机如西南铝业（集团）有限责任公司的 2 号 1850mm 四辊不可逆冷轧机，其主要参数如表 6-3 所示。

**表6-3 西南铝业（集团）有限责任公司2号1850mm
四辊不可逆冷轧机参数表**

参 数			西南铝业2号1850mm四辊不可逆冷轧机
产品参数	来料	厚度/mm	≤3.0
		宽度/mm	910～1700
		最大卷重/kg	11000
	成品	厚度/mm	0.15～2.0
		宽度/mm	910～1700
设备参数	工作辊	直径/mm	440～400
		长度/mm	2050
	支撑辊	直径/mm	1400～1300
		长度/mm	1800
	最大轧制速度/m·min^{-1}		1500
	最大轧制压力/kN		16000
	辊缝调整		轧辊组下面液压斜楔和辊组上面的液压差动式缸，CVC窜移量±100mm
	厚度控制		压下位置闭环、轧制压力闭环、厚度前馈控制、速度前馈控制、厚度反馈控制（测厚仪监控）
	板形控制		板形辊测量在线板形情况，自动控制轧辊倾斜、轧辊弯曲、自动控制轧辊分段冷却和CVC窜移

6.3 六辊冷轧机

六辊冷轧机是为了轧出更薄及精度要求更高的产品，在四辊冷轧机的基础上增加了中间辊，进一步增加了轧机的刚度，并使得工作辊直径进一步减小。六辊轧机是冷轧机的发展趋势，其主体设备组成示意图如图6-3所示。

目前，国内已经建成投产的六辊冷轧机主要有：中铝瑞闽铝板带有限公司1996年投产的六辊1850mmCVC冷轧机，南山轻合金有限公司2007年投产2台2100mmCVC冷轧机，其中南山轻合金有限公司的2台冷轧机是中国迄今引进的装机水平最高的铝合金单机架六辊

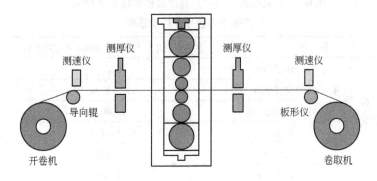

图 6-3　六辊冷轧机主体设备组成示意图

冷轧机，其主要参数如下：

带材最大宽度：2100mm；

最大卷重：30t；

入口厚度：分别为 10mm 和 3.5mm；

出口厚度：最薄分别为 0.2mm 和 0.1mm；

最大轧制速度：分别为 1500m/min 和 1800m/min；

轧机的技术特点：CVCpluss 技术，中间辊窜动，装有工作辊水平稳定系统，有带材边部热油喷射装置，配备有 SMSDemag 公司开发的烟气净化与油回收系统，总净化能力 240000m³/h，净化处理后排放的气体能满足当前最严格的环保标准要求，回收的轧制油可进入循环系统再次使用。

6.4　冷连轧机

冷连轧机代表目前铝合金冷轧机设备的最高水平，其主体设备组成示意图如图 6-4 所示。目前国外的主要冷连轧机有：俄罗斯萨马拉冶金厂的 5 机架冷连轧生产线，美国铝业公司田纳西轧制厂的全连续 3 机架冷轧生产线，加拿大铝业公司肯塔基州洛根卢塞尔维尔轧制厂于 1993 年投产的 3 机架 CVC 冷连轧机，阿尔诺夫铝加工厂于 1995 年初建成投产的一条冷轧双机架四辊 CVC 冷连轧生产线。中铝西南铝于 2009 年建成的一条双机架六辊 CVC 冷连轧生产线，是国内第一条也是目前唯一一条具有世界先进水平的高精铝及铝合金板带冷连轧生产线。

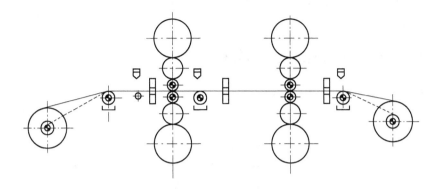

图 6-4 双机架冷连轧机主要设备组成示意图

中铝公司双机架六辊 CVC 冷连轧生产线主要参数如下：

带材最大宽度：1800mm；

最大卷重：25t；

入口厚度：≤3.5mm；

出口厚度：最薄 0.15mm；

出口最大速度：1600m/min；

轧机的技术特点：六辊 CVCplus 技术，两台板形仪，有带材边部热油喷射装置；配有三台测厚仪和三台测速仪，采用秒流量厚度控制技术；配备有 SMSDemag 公司的板式过滤系统、烟气净化与油回收系统。

阿尔诺夫铝加工厂冷轧双机架四辊 CVC 冷连轧生产线主要参数如下：

CVC 工作辊：直径 510~470mm，辊身长度 2450mm，CVC 轴向移动距离 ±100mm；

支撑辊：直径 1400~1300mm，辊身长度 2240mm；

每个机架主传动电机额定功率 AC6000kW；工作辊主传动；

最大轧制速度：第一机架 900m/min，第二机架 1500m/min；

带材张力：入口侧 7~75kN，出口侧 6~65kN；

每个机架最大轧制力 20000kN；

带材尺寸：来料厚度 0.7~3.5mm，出口厚度 0.2~1.5mm，宽度 1600 ~ 2150mm，带卷直径 1600 ~ 2700mm，最大卷重 29000kg。

6.5　运用新的控制技术的轧机

6.5.1　HC 轧机、UC 轧机

6.5.1.1　HC 轧机

HC 轧机的全名为 High Crown Control Mill，是日立公司 1972 年开发的一种轧机，其结构示意图如图 6-5 所示。HC 轧机，与常规四辊轧机相比，轧件板形的可调性和稳定性更好。

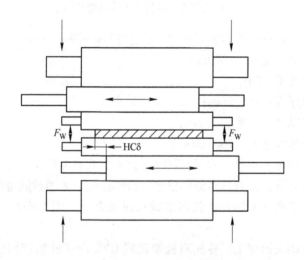

图 6-5　HC 轧机结构示意图

HC 轧机的结构特点如下：

（1）在常规四辊轧机的工作辊与支撑辊之间设置中间辊，是一台六辊轧机，这 6 个轧辊的轴线在一个垂直平面里。

（2）6 个轧辊的尺寸大体有如下关系：中间辊辊径与工作辊辊径基本相等，一般中间辊稍大于工作辊，但也有工作辊大于中间辊的情况；支撑辊辊径为中间辊辊径的 2 ~ 3 倍；工作辊辊身的长度为工作辊直径的 2.5 ~ 4 倍。

（3）中间辊可沿其轴做轴向抽动，上、下中间辊的抽动方向相反，并对称于轧机宽向的中线，中间辊抽动后的位置，以轧件边缘位置为远点，进行计量，称 δ。若 $\delta = 0$，则中间辊边缘与轧件边缘相齐；若 δ 为负，则中间辊边缘处于轧件宽度内，反之为正。中间辊的抽动行程，是 HC 轧机的技术特点之一。

（4）轧机仍然有压下装置和弯辊装置。

（5）一般 HC 轧机仍是工作辊传动，但当工作辊过细，或扭矩过大时，也采用中间辊传动。

据日立公司统计，自 1972 年第一台试验 HC 轧机问世至 1992 年 8 月，已有各种类型的 HC 轧机 272 台在 151 个工厂中投入生产，其中用于有色金属轧制的有 23 台。

我国 HC 轧机的应用起步较晚，北京钢铁研究总院，为哈尔滨冷轧带钢厂将一台 $\phi190/450\text{mm} \times 600\text{mm}$ 的四辊轧机，改造为 $\phi160/190/430\text{mm} \times 600\text{mm}$ 的 HC 轧机。

6.5.1.2 UC 轧机

UC 轧机是 HC 轧机家族中的一员，全名为 Universal Crown Control Mill，由日立公司开发，它与 HC 轧机的不同在于：中间辊除可抽动外还可弯辊，使板形的可调参数增加为 3 个：抽辊 δ、工作辊弯辊和中间辊弯辊。

6.5.1.3 HC 轧机、UC 轧机的类型

HC 轧机和 UC 轧机大致分为如下几种类型：

（1）HCW 轧机：适用于四辊轧机的一种 HC 轧机的改进型，如图 6-6a 所示。HCW 轧机中有双向工作辊横移和正弯系统。另外，还有一种由日立和川崎制铁公司联合设计的 HCW 轧机改进型，称作 K-WRS 轧机。

（2）HCM 轧机：使用于六辊轧机，如图 6-6b 所示，通过采用中间辊的双向横移和正弯来实现板形和平直度的控制功能。

（3）HCMW 轧机：同时采用中间辊双向横移和工作辊双向横移，因此 HCMW 轧机兼并了 HCW 和 HCM 轧机的主要特点，另外，它还采用了工作辊正弯系统，如图 6-6c 所示。

（4）UCM 轧机：在 HCM 轧机的基础上，引入中间辊弯辊系统，

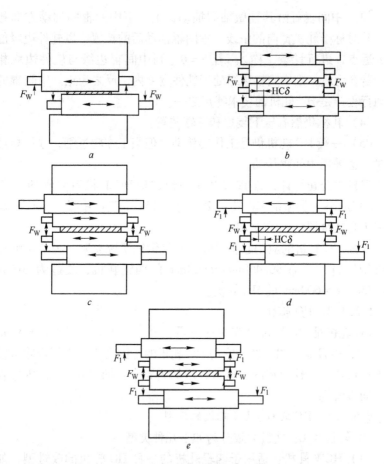

图 6-6 HC 轧机和 UC 轧机类型

a—HCW 轧机；b—HCM 轧机；c—HCMW 轧机；d—UCM 轧机；e—UCMW 轧机

以进一步提高板凸度和板平直度的控制能力，如图 6-6d 所示。

（5）UCMW 轧机：除了具有 HCMW 轧机的功能外，又引进了中间辊弯辊系统，如图 6-6e 所示。

（6）UC2 ~ UC4 轧机：UC2 ~ UC4 轧机是不同型号的万能凸度控制轧机（UC 轧机），用于轧制更薄、更宽、更硬的带材，UC2、UC3 和 UC4 轧机是装配了小直径工作辊后的 HCM 轧机的改进型。工作辊相对中间辊有一些偏移，并由一组侧辊支撑。这些轧机也配有中间辊横移系统和工作辊、中间辊弯辊系统。

此外，鉴于技术改造是提高产量，改善质量的有效而节省的方法（特别是重型设备），故世界各国的老轧机许多都走改造之路。由常规四辊改成 HC 类型轧机时，有六辊 HC 和四辊 HC 两种方案。除要确定抽动行程、抽动装置和锁定装置外，对于六辊方案还应考虑：原放置 4 个轧辊的牌坊窗口，应放入 6 个轧辊，由此确定各轧辊的直径，还要考虑改成六辊后轧线标高的变化，与传动系统和机架前后辅助设备的关系，以及其他问题等等，但四辊方案却不存在上述问题，故改造的工作量小，因此也得到使用厂家的欢迎，据日立公司统计的 118 个机架中 HC 型和 HCMW 型的分别有 53 台和 15 台，UC 型和 UCMW 型的分别有 27 台和 13 台，HCW 型的 10 台，分布比较分散。

6.5.2 CVC 轧机

CVC 技术是德国 SMS 公司 1980 年开发的，它用于控制板截面形状和控制板形，原意为凸度连续可调（continuously variable crown）。

采用 CVC 技术的轧机实际上是一台轧辊可抽动，并且具有弯辊装置的四辊轧机，但也可做成二辊或六辊轧机，它与 HCW 轧机不同之处在于轧辊周面母线被磨成 S 形，上、下二辊颠倒放置，以形成 S 形辊缝，如图 6-7 所示，因上、下二辊 S 形曲线的方程相同，故沿辊

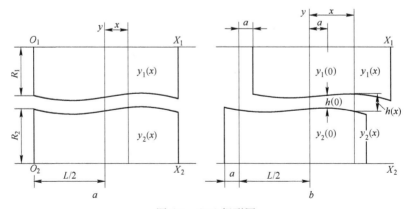

图 6-7　CVC 辊形图

a—轴移前；*b*—轴移后

身长度方向辊缝大小相同，如不计辊面磨损和不均匀热膨胀，则此轧辊相当于原始辊凸度为零的轧辊。

若把轧辊向小头端抽动，则形成凹辊缝，此时相当于辊凸度为正的轧辊。反之，把轧辊向大头端抽动，则相当于辊凸度为负的轧辊，调节抽动方向和距离，即调节原始辊凸度的正负和大小，相当于一对轧辊具有可变的原始辊凸度，于是称凸度连续可调，如图6-8所示。

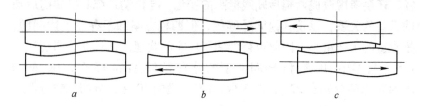

图6-8　CVC横移对轧辊等效凸度的影响示意图

a—零凸度；*b*—轧辊正轴移时产生正凸度；*c*—轧辊负轴移时产生负凸度

7 铝合金冷轧板带材的热处理技术

7.1 热处理的目的和方式

7.1.1 热处理的目的

如果把金属及合金材料在固态下加热到一定温度，并在此温度保持一定时间，然后再以某种冷却速度冷却到室温，这样就能使金属及合金材料的内部组织和力学性能发生变化，达到人们使用的要求，我们把这种处理方法叫做热处理。在机械制造和金属材料生产中，热处理是一项要求严格和十分重要的生产工序。

任何热处理过程都包括加热、保温、冷却三个阶段，如图 7-1 所示。热处理与压力加工方法（如冷轧、挤压、锻造等）不同，它是在不改变制品外形和尺寸的情况下，仅通过加热和冷却操作，就能大大改善和控制材料的组织和性能。热处理所需要的设备简单，投资较少，操作方便。

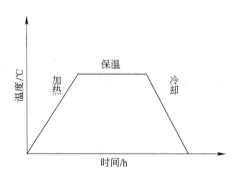

图 7-1 简单热处理过程示意图

在铝合金板带材的生产中，我们不仅为了改善和控制板带材的最终力学性能而进行相应的热处理，而且在压力加工过程中也需要对铸锭或中间坯料进行适当的热处理。

对铝合金冷轧板带材进行热处理的目的有以下几点：

（1）使铸轧坯料的组织、成分和性能均匀；

（2）提高材料的强度、硬度、塑性、韧性及抗蚀性等性能；

（3）稳定材料的内部组织，免除制品在使用过程中发生形状和尺寸的变化。

7.1.2 铝合金冷轧板带材的主要热处理形式

铝合金冷轧板带材的主要热处理形式有退火、淬火和时效。不能热处理强化的铝合金，如纯铝和防锈铝等，只进行退火处理；对于可热处理强化的铝合金，如 2×××系和 6×××系铝合金，时效为最终热处理形式，而退火只用于生产过程中的中间处理。

7.1.2.1 退火

退火的目的是增加合金成分的均匀性及组织的稳定性，并通过回复及再结晶过程，消除残余应力与加工硬化，以利于随后的加工和使用。退火主要分为均匀化退火、完全退火及不完全退火。

A 均匀化退火

均匀化退火主要用于铝合金的铸轧坯料，其主要目的是为了消除内应力及晶内偏析，提高铸锭的塑性，另外，均匀化退火对改善加工后的半成品组织和性能、提高塑性与耐蚀性也有一定的好处。

B 完全退火

完全退火也称再结晶退火，即通过再结晶来消除金属因塑性变形而产生的加工硬化，恢复塑性以有利于下一道工序的进行或最终使用。完全退火是退火工艺中应用最多的一种。

C 不完全退火

不完全退火也称低温退火，是将加工硬化状态的铝合金半成品或成品在 150～300℃ 范围内退火，使合金发生不同程度的软化。用低温退火方法生产的半硬制品，性能比较稳定。低温退火包括消除内应力退火和部分软化退火两类。

消除内应力的退火温度低于合金的再结晶温度，退火后组织不发生变化，仍然保持原来的加工变形组织。

部分软化退火的温度介于合金起始再结晶温度和再结晶终了温度之间。退火后，部分组织发生了变化，即在加工变形组织基础上还有再结晶组织存在。

7.1.2.2 淬火

铝合金的淬火也称固溶处理，即通过高温加热使铝合金中的强化相溶入基体，随后快速冷却，以抑制强化相在冷却过程中重新析出，从而获得一种过饱和的以铝为基的 α 固溶体，为下一步时效处理做好组织上的准备。

7.1.2.3 时效

时效是指可热处理强化铝合金淬火后停放在室温或较高温度下以提高性能的方法，是铝合金热处理常用的方法之一，是提高铝合金力学性能和改善理化性能的重要手段。时效处理是可热处理强化铝合金的最后一道工序，它决定着合金的最终性能。时效分为自然时效和人工时效两种，室温下进行的时效称"自然时效"，在高于室温下进行的时效称"人工时效"。

7.2 热处理炉炉温均匀性控制

7.2.1 单卷（垛）料温均匀性（气流循环式电阻炉）

热处理过程中物料的加热包括两方面：一是卷材（板材）表面与热空气的对流传热；二是卷材（板材）内部自身的传导传热。

7.2.1.1 表面的加热

在气流循环式电阻炉内，卷材在炉内的加热是以热空气与工件表面的对流换热实现的。对流换热是热空气做宏观运动时，在接触和混合过程中，实现热能的交换。对流换热的结果是热量由高温物体传递到低温物体。

热空气流过卷材表面时由于气体的黏度及卷材表面的粗糙度在紧贴卷材表面有一层过渡层（边界层），该层气流呈层流状态，过渡层外面是气体的主流部分，呈紊流状态，如图 7-2 所示。

热空气与卷材表面的对流换热过程包括两个步骤：一是主流对边界层，该过程是依靠主流对边界层的宏观流动所引起的，即对流传

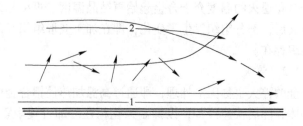

图 7-2 气体流过卷材表面的状态
1—边界层（层流）；2—主流（紊流）

热；二是边界层到卷材表面的导热，该过程通过传导传热进行，由于气体传导传热能力低，所以边界层是对流换热的主要热阻，边界层越厚，热阻越大。

强化炉内对流换热，有利于提高生产效率，缩短加热时间；有利于提高热效率，节约能源；有利于表面均匀受热，提高加热质量。强化炉内对流换热的途径有：

（1）增大换热温差，实现差温加热，但此方法应有工艺限制，以免工件受热不均，因过热而损坏。

（2）提高气流速度，有利减薄层流；提高对流换热系数，有利于气体混合均匀，确保炉温均匀，确保卷材整个表面受热均匀。提高气体流速是强化对流换热的主要途径。

（3）增大换热面积，对于卷材强化端面传热，有利于提高升温速度，因端面传热比轧制表面传热对流换热系数大。

（4）通过对流换热，使表面受热，温度升高，从而与卷材内部建立起温差，引起热量在卷材内部的热传递。

7.2.1.2 卷材内部热传递

由于卷材表面与内部之间的温差而引起的热传递属于传导传热，热量由温度较高的表面传递到温度较低的卷材内部。

卷材表面加热也包括端面的加热，并且端面对流换热系数较大，因此在传导传热时有两种情形，如图 7-3 和图 7-4 所示。

图 7-3 表示由端面（或边部）向中心传热，相当于在均匀固体中的导热，它遵循傅里叶定律：传导传热的传热量与传热面积 F 成正

比，与传热方向温差 dT/dx 成正比，与传热时间 t 成正比，与固体材质有关。导热基本微分方程为：

$$Q = \lambda F\Delta Tt(\Delta T = dT/dx > 0) \tag{7-1}$$

式中 λ——导热系数，$J/m^2 \cdot \text{℃} \cdot s$。

固体导热系数大于液体，液体导热系数大于气体。金属导热系数最大，有色金属导热系数大于钢铁，合金导热系数低于纯金属，金属导热系数随温度升高而减小。

根据式（7-1）可知，增大温差有利于传导传热。

图 7-4 表示由外圈向内圈的传热，由于外圈向内圈的传热是层与层之间的传热，比均匀固体的导热要慢一些，层与层之间间隙越大，传热越慢。

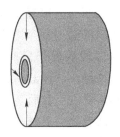 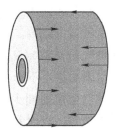

图 7-3　径向传热或层间传热　　　图 7-4　轴向传热或均匀固体内传热
　　　→表示传热方向　　　　　　　　　→表示传热方向

7.2.1.3　温度的均匀性

卷材表面与热空气对流换热，使表面温度升高，因表面温度升高使卷材表面与内部因温差而引起传导热，使卷材内部温度升高，要使整卷性能均匀提高产品质量就应使卷材各个部分达到工艺要求的温度与保温时间。

从图 7-5 可以看出，卷材表面在加热的初期阶段升温速度明显大于内部升温速度，随着炉气温度的不断提高，卷材表面升温速度越来越快，与内部的温差越来越大，表面通过对流换热，吸热量远大于传导传热放出的热量。炉气温度达到最高 T_1 进入保温段，在保

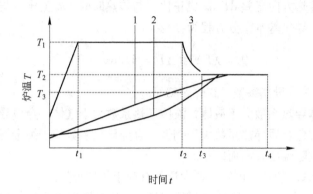

图 7-5 典型的退火曲线

1—卷材表面料温温升曲线；2—卷材内部料温温升曲线；3—炉温曲线

温段的前半段时间内，表面温升继续加快，表面与内部温差继续加大，并达到最大温差。同时卷材表面与炉气间的温差逐渐减小。在此以前炉气传热以对流换热为主。在 T_1 保温段的后半段时间内，由于卷材表面温度不断上升与炉气间温差越来越小，通过对流换热所吸收的热量比前期少。在 T_1 保温段的前半段内，表面与内部温差达到了最大，表面向内部大量传热，使内部温度温升速度大于表面，因此表面与内部温差不断缩小。在 T_1 保温结束后，开始转定温，炉气与表面温差越来越小，表面升温越来越慢，内部与表面进入均匀化阶段。

从以上分析不难看出，要使产品温度均匀，其中的一个重要影响因素是工艺制度，如果料温转定温度时间早了（T_3 偏低），料温上不去，并且也不一定均匀。料温转定温度时间晚了（T_3 偏高），最后料温要超温，并且温差大。

从生产中还发现，不同合金在同一制度下，升温时最大温差不一样，所需的均匀化时间也不一样。

影响料温均匀的另一个因素就是表面受热的均匀性，在加热时卷材表面各部分应均匀受热，要求炉气应有较大流速，布料时避免遮挡，消除死角。

7.2.2 整炉料料温均匀性

多个工件装炉（一炉装多个卷或多垛料），要保证每个卷（垛）温度的均匀性，就应保证每个卷（垛）周围炉温的均匀。

要保证每个卷（垛）周围炉温的均匀，一要保证有效工作区炉温均匀，二是采用分区控制，三要保证热流分布。

要控制工作区内炉温均匀，首先应做好炉子的保温性能。如果炉体某一处漏气，或保温性能差，就会使该区域温度偏低。其次加热室内电阻丝应均匀分布，另外还应注意导流板（隔热板）的气密性，以防气流短路。

在炉内总会有一些因素使炉温升温时速度不同步，有快有慢，温度有高有低，因而要采用分区控制，对加热器的输出功率做及时调整；在炉温保温时也会因各区吸热物体吸热量不一样，而使炉温高低不均，因而要采用分区控制。

多个工件装炉，对每个工件热流的均匀分布是影响各个工件料温均匀的关键。

热空气流的均匀分布，一靠导流系统的合理导流，二靠循环风机增大热空气流速，三靠合理摆放工件，使各个工件周围对气流的阻挠与流通情况趋向一致。

多个工件装炉，影响料温均匀性的另一方面就是合金状态、规格，即使每个工件周围热流分布均匀，不同合金状态的温度也不一样，因为不同合金热容不一样，导热系数也有差异。导热系数不一样，影响单卷温度的均匀性。导热系数大，整卷均匀性化；导热系数大，从表面往内部传导的热量也大，因而表面温升慢。合金热容大，升温所需热量就大。

7.3 退火

金属在冷变形过程中，除了外形及尺寸发生变化，其内部组织也随之改变。在外力作用下，变形金属内部的晶粒发生滑移、转动和破碎，晶粒的形状发生了改变，晶界沿变形方向伸长，晶粒破碎并被拉成纤维状，这样就使原来方位不同的等轴晶粒逐渐向一致方向发展，形成变形织构。其结果一方面使金属产生了各向异性，另一方面则由于产生了加工硬化而使金属的强度升高，塑性降低，逐渐失去了继续承受冷变形的能力。如将此种变形金属加热，则随着加热温度的升高，金属内部的原子活动能力急剧增大，通过原子的扩散，使金属内部组织发生变化，消除了内应力，降低了强度，恢复了塑性，使其能够再承受冷的加工变化，我们把这种热处理过程称为退火。

7.3.1 退火加热过程中金属组织和性能的变化

通过冷变形而产生了加工硬化的金属，在退火时，根据加热温度高低不同，其组织和性能的变化过程可分为回复、再结晶及晶粒长大三个阶段，如图 7-6 所示。

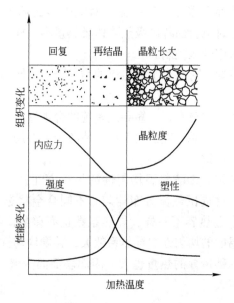

图 7-6 加工硬化金属在加热时组织及性能的变化

7.3.1.1 回复阶段

回复阶段是退火过程的第一阶段。当加热温度不高时，也就是说加热温度低于变形金属开始发生再结晶的温度时，由于原子活动能力不大，只能做短距离的移动扩散，此时，只能使晶格的扭曲和畸变消除，但不能形成新的再结晶晶粒。当用光学显微镜观察时则看不到金属组织有任何变化。金属的强度及硬度稍有降低，塑性略有提高。但是，金属的某些物理性能却有明显变化，例如比电阻和内应力发生了明显下降。这个阶段基本上还保持着冷作硬化状态的主要特征。

7.3.1.2　再结晶阶段

再结晶阶段是退火过程的第二阶段。当金属加热到开始再结晶的温度时，则在变形金属或合金基础上，开始形成新的晶粒，直至完全形成新的再结晶晶粒为止。此阶段是真正的退火阶段，原子活动能力很高，原子通过扩散进行重新排列。通过再结晶退火使由被拉长的晶粒所形成的变形纤维组织转变为由再结晶等轴晶粒所组成的再结晶组织，金属加工硬化现象完全被消除。此时，金属的强度、硬度急剧下降，塑性明显升高，金属的性能基本上恢复到冷变形之前的情况。

我们把冷变形金属加热到再结晶温度以上，使其发生再结晶的热处理过程称为再结晶退火。

7.3.1.3　晶粒长大

冷变形金属在完全再结晶之后，一般都可得到均匀细小的等轴晶粒。但是，如果加热温度过高或加热时间过长时，则再结晶后的新晶粒又会发生合并和长大，使晶粒变得粗大，金属的力学性能也相应变差，我们把这种晶粒长大的过程称为聚集再结晶。在生产中，一定要防止产生这种聚集再结晶。

7.3.2　再结晶温度及其影响因素

7.3.2.1　再结晶温度

在冷轧板带材生产过程中，要想获得良好的最终性能，就必须正确地进行板坯退火、中间退火及完全退火，使产品具有细小均匀的晶粒。为了达到这种效果，首先必须知道金属及合金的再结晶温度及其影响因素。

根据以前试验的结果，发现纯金属的再结晶与其融化温度有一定关系，可用以下公式表示：

$$T_{再} = A \times T_{熔}$$

式中　$T_{再}$——纯金属的再结晶温度；

　　　$T_{熔}$——纯金属的熔点，用绝对温度 K 表示；

　　　A——比例常数，对一般纯金属 A 值取 0.4。

例如纯铝的熔点为 660℃，代入公式可求出纯铝的再结晶温度：

$$T_{再} = 0.4 \times (273.15 + 660) \approx 373K = 100℃$$

因为金属及合金的再结晶温度受许多因素的影响，并不是一个定值，上述公式所求出的数值是不精确的，仅供参考。

我们所讲的再结晶温度通常是指再结晶的开始温度，即在一定的变形程度和保温时间的条件下，金属及合金开始发生再结晶的最低温度，也就是开始形成第一个再结晶新晶粒的温度。如何来确定再结晶温度呢？最简单的方法是用测定硬度的方法来确定，通常把硬度开始急剧下降的温度作为金属或合金开始再结晶的温度。另一种方法是用显微镜观察，当发现出现第一再结晶新晶粒时所对应的温度则为其开始再结晶的温度。当在显微镜下看不到变形纤维组织时则认为金属或合金已完成了再结晶过程，此时所对应的温度则为再结晶终了温度。确定再结晶温度的最精确方法是使用 X 射线方法测量。

把再结晶过程进行完了的温度，即金属由变形组织全部转变为再结晶组织的温度称为再结晶终了温度。

7.3.2.2　再结晶过程的主要影响因素

金属的再结晶过程与许多因素有关，如合金成分、纯度、变形量、退火时间及退火加热速度等，均会改变再结晶温度和再结晶后的晶粒尺寸。

A　纯度

再结晶是一个形核和长大过程，它需通过原子扩散及晶界迁移来完成，因此凡对此有影响的因素均会影响再结晶过程。金属中的杂质元素或合金元素一般会降低原子扩散速度或形成某些第二相质点，阻碍晶界迁移，所以纯度愈低，再结晶温度愈高，例如：

纯度 $w(Al)/\%$	99.7	99.9	99.99	99.9992
再结晶温度/℃	240	200	100	45

B　合金元素

　　高纯铝经 40% 冷变形后，测得再结晶温度为 150℃，若纯铝中加入 0.01%（原子分数）的微量元素，再结晶温度将会明显增加：

加入元素(0.01%（原子分数）)	Si	Mg	Cu	Mn	Fe	Cr
再结晶温度提高/℃	50	70	80	180	190	200

　　这组数据表明，Mn、Cr、Fe 等过渡族元素对铝的再结晶温度影响最大，工业上正是利用这一特点，在铝合金中加入少量过渡族元素以控制再结晶组织，细化晶粒。

　　C　变形量

　　再结晶晶核是在金属中畸变最严重处优先形核，因此金属经受的变形量愈大，形核愈容易，相应的再结晶温度降低，晶粒尺寸也较小。下列工业纯铝的数据可说明这一特点。

冷变形量/%	5	20	40	80	98
再结晶温度/℃	500	400	360	320	300

　　为保证再结晶得以进行的最低变形量称为临界变形量，铝合金一般为 2%~6%。此时，再结晶形核数目很少，故形成粗大的再结晶组织，生产上应予以避免。

　　D　加热速度及时间

　　再结晶需在一定时间内完成，退火温度愈高，所需时间也愈短。例如，工业纯铝在 280℃ 退火需几小时，380℃ 则需几分钟，在 500℃ 时只需几秒钟就可以完成再结晶过程。同样道理，退火加热速度愈快，再结晶温度也会高一些，但可避免或减少加热过程中因回复而降低变形金属内部的潜能，促进再结晶形核，故可获得比较细小的晶粒。当然，这时需要严格控制温度和保温时间，以免造成过烧或零件变形。

7.3.3　退火工艺

　　热处理制度的制定，首先应有好的设备作为保障。要实现料温均匀，第一，炉子保温性能要好；第二，结构要合理；第三，加热器功率要够；第四，循环风机应该保证足够的风量、风压，使炉内热空气达到一定的风速；第五，炉子控制系统应准确可靠。

　　针对生产中各种情况对料温均匀性的不同要求，为提高生产效率，确保产品质量，应采用不同的工艺。

　　对于半硬产品，温度均匀性要求高，制定工艺制度时，炉气最高温度 T_1 与物料最终温度 T_2 不宜相差太大，最好在 100℃ 以内，物料温度 T_3 与最终温度 T_2 相差在 20℃ 左右时转定温，温差比例控制段宜采用慢速，尤其是导热系数小的合金。

　　常用合金导热系数顺序：

$$LG5 > L2 > L5 > L21 > LF2 > 5182$$

　　对于全退火产品，料温均匀性要求较低，在设备允许条件下，炉气最高温度 T_1 与最终料温 T_2 之间温差可大于 100℃ 以上，转定温时物料温度 T_3 与最终料温间 T_2 差值可选 10 ~ 15℃，温差比例段宜采用快速降温，对于导热系数小的产品 $T_2 ~ T_3$ 应在转定温时加大差值，温差比例段降温不易太快。

　　为确保料温均匀性，布料时，卷与卷之间卷径不宜相差太大，卷材在炉内均匀放置，不同合金配炉时尽可能选用导热系数相差不大的产品配炉，装炉各卷工况应基本一致。

　　部分铝合金的典型退火制度如表7-1所示。

表 7-1　部分铝合金的典型退火制度

合金状态	金属温度/℃	保温时间/h
3003H24	285 ~ 300	1.5
1060H24、1100H24	230 ~ 240	1.5
1060-O、1100-O	345	1 ~ 3
3003-O、3005-O	415	1 ~ 3
3004-O	345	1 ~ 3
5050-O、5005-O、5052-O	345	1 ~ 3

7.4　淬火

7.4.1　淬火组织的特点

　　铝合金的淬火也称固溶处理，即通过高温加热使铝合金中的强化相溶入基体，随后快速冷却，以抑制强化相在冷却过程中重新析出，从而获得一种过饱和的以铝为基的 α 固溶体，为下一步时效处理做好组织上的准备。

铝合金加热时，α 固溶体基体只有因强化相溶入而带来的浓度变化，其晶体结构并未改变，淬火冷却过程中则完全不发生组织变化，仅仅是把高温 α 相强制地"冻结"到室温。正因为铝合金淬火后因基体组织并未变化，故仍保持了铝合金原有塑性良好的特点，而且因脆性第二相溶入基体，有时塑性反而进一步提高。强度则因基体合金元素含量的增加而提高，即获得了固溶强化。以 2A12 合金为例，表 7-2 所列数据说明了铝合金淬火后性能的变化情况。

表 7-2 2A12 合金退火与淬火状态性能数据对比表

合金牌号	退火状态			淬火状态		
	R_m/MPa	HB	A/%	R_m/MPa	HB	A/%
2A12（LY12）	180	42	18	300	70	20

7.4.2 淬火工艺过程和生产方式

7.4.2.1 盐浴炉加热方式淬火的特点

盐浴炉淬火流程如下：

硝盐炉加热——→ 冷水淬——→ 硝盐蚀洗——→ 冷水清洗

盐浴炉的特点是：设备结构简单，制造及生产成本低，易于温度控制，但安全性差，耗电量大，不易清理，常年处于高温状态，调温周期长。使用盐浴炉热处理具有加热速度快、温差小、温度准确等优点，充分满足了工艺对加热速度和温度精度的要求，对板材的力学性能提供了保证。缺点是：转移时间很难由人工准确地控制在理想范围内，有不确定的因素；在水中淬火时，完全靠板材与冷却水之间的热交换而自然冷却，形成了不均匀的冷却过程，使得淬火后的板材内部应力分布很不均匀；板材变形较大，在随后的精整过程中易造成表面擦、划伤等缺陷，并且不利于板材的矫平；盐浴加热时，板面与熔盐直接接触，板面形成较厚的氧化膜，在淬火后的蚀洗过程中很容易形成氧化色（俗称花脸），影响表面的均一性。

7.4.2.2　空气炉加热方式淬火的特点

空气炉淬火流程如下：

$$空气加热室 \longrightarrow 高压冷水 \longrightarrow 低压冷水$$

空气炉特点：设备结构复杂、制造成本高，但安全性好、耗电量少，生产灵活，可随时根据生产需求调整温度。与盐浴炉相比，空气炉热处理同样具有温度准确、均匀性好、温差小等优点，同时转移时间也能规范地控制，由于采用了高压喷水冷却，不仅改善了不均匀的淬火冷却状态和应力分布方式，而且使板材的平直度和表面质量均大幅度提高，简化了工艺。易于实现过程自动化控制，降低劳动强度和手工控制的不便。缺点是相对盐浴炉而言加热过程升温时间相对较长，生产效率有所降低。

空气炉的加热方式分为辊底式空气炉和吊挂式空气炉加热。目前国际上，最先进的淬火加热炉为辊底式空气淬火加热炉。用这种热处理炉生产铝合金淬火板，工艺过程简单、板材单片加热及单片冷却，可被均匀快速加热，冷却强度大，均匀性好，使得淬火板材具有优良的综合性能。

7.4.3　淬火工艺参数

7.4.3.1　固溶处理的加热温度

几种典型的铝合金板材固溶处理温度如表 7-3 所示。

表 7-3　典型铝合金板材固溶处理的温度

铝合金牌号	加热温度/℃	铝合金牌号	加热温度/℃
2024，2124，2A12	498 ± 2	2219	530 ~ 540
2017	498 ~ 505	2618	525 ~ 535
2014，2A14	498 ~ 505	6061，6082	520 ~ 530

7.4.3.2　固溶处理的保温时间

盐浴炉淬火和空气炉淬火的推荐固溶处理保温时间如表 7-4 和表 7-5 所示。

表 7-4 典型铝合金板材（盐浴炉加热）固溶处理保温时间

板材厚度/mm	6.1~10.0	10.1~20.2	20.1~40.0	40.1~50.0	50.1~60.0
保温时间/min	50~60	60~70	70~80	80~90	90~100
板材厚度/mm	60.1~70.0	70.1~80.0	80.1~90.0	90.1~105.0	106~120
保温时间/min	100~110	110~120	130~150	170~180	190~210

表 7-5 典型铝合金板材（空气炉加热）固溶处理保温时间

板材厚度/mm	6.1~12.7	12.8~25.4	25.5~38.1	38.2~63.5	63.6~76.2	76.3~88.9	89.0~101.6
保温时间/min	60~70	90~100	120~130	150~190	210~220	240~250	270~280

7.4.3.3 淬火冷却速度

冷却速度对可热处理强化铝合金材料的力学性能和抗腐蚀性能有显著的影响，而淬火介质的温度及其流动性等又直接影响着冷却速度。通常用得最多、最有效和最经济的介质是水。水的沸点比板材的加热温度低很多，在淬火时很容易使板材周围的液体汽化形成一层蒸气膜覆盖板材表面，使板材与冷水隔开，降低了冷却速度，为此，应加强水的流动和搅拌，或采用高压喷水冷却，以改善冷却条件。通常控制水温在40℃以下。为了防止淬火过程中水温升高幅度过大，影响冷却速度，应保证足量的淬火用水，尤其是对厚度较大的板材，还应注意淬火后可能会出现再被加热而导致其性能损失的问题。另外，对于某些特殊材料，也可以通过适当地提高水温的方法，降低冷却速度，以减少板材淬火裂纹的发生。

7.4.3.4 淬火转移时间

板材从热处理炉转移到淬火介质中的时间与淬火效果有直接的关系，转移时间的影响与降低平均冷却速度的影响相似，对材料的腐蚀性能和断裂韧性影响最大，尤其对淬火敏感性强的合金，更应严格控制淬火转移时间，厚板一般控制在25s以内，转移时间越短，材料的综合性能越好。

7.5 时效

7.5.1 时效过程中的组织变化

时效是指可热处理强化铝合金淬火后停放在室温或较高温度下以

提高性能的方法，是铝合金热处理常用的方法之一，是提高铝合金力学性能和改善理化性能的重要手段。时效处理是可热处理强化铝合金的最后一道工序，它决定着合金的最终性能。

淬火获得的过饱和固溶体处于不平衡状态，因而有发生分解和析出过剩溶质原子（呈第二相形式析出）的自发趋势，有的合金在常温下即开始进行这种析出过程，但由于温度低，一般只能完成析出的初始阶段。有的合金则要在温度升高，原子活动能力增大以后，才开始这种析出。前者称为自然时效，后者称为人工时效或回火。

过饱和固溶体的分解过程决定于发生分解的温度。对大多数合金来说，在低温下的分解一般经历三个阶段。先是在过饱和固溶体中，溶质原子沿基体的一定晶面富集，形成偏聚区，即GP区。GP区与母相共格，往往呈薄片状。进一步延长时间或升高温度，GP长大并转变为一种中间过渡相，其成分及晶体结构处于母相与稳定的第二相之间的某种中间过渡状态。最后，中间过渡相转变为具有独立晶体结构的、稳定的第二相。

开始析出的第二相处于弥散状态，一般具有薄片状。弹性变形的母体（母相）对于在其中形成的新相长大的阻力同新相的形状有关。计算表明，新相呈片状时，弹性能最低。因此，从固溶体析出的新相一般都呈片状。

进一步延长时间或升高温度，弥散的第二相将聚集粗化。温度越高，粗化越快。

7.5.2 时效效果的主要影响因素

时效使合金的强度、硬度升高，但塑性和抗蚀性下降。时效强化的效果决定于合金的成分、固溶体的本性、过饱和度、分解特性和强化相的本性等，因而有的合金系时效强化效果高，有的合金系则时效强化效果低。

对同一成分的合金来说，影响其时效强化效果的主要工艺因素有时效温度和时间，淬火加热温度和淬火冷却速度，以及时效前的塑性变形等。

7.5.2.1　时效温度对时效强化效果的影响

当固定时效时间，对同一成分的合金在不同温度下进行时效时，合金硬化与时效温度的关系如图 7-7 所示。随着时效温度的升高，合金的硬化增大，当温度增至某一数值后，达到极大值。进一步升高温度，硬度下降。合金硬度增大的阶段称为强化时效，下降的阶段称为软化时效或过时效。时效温度与合金硬化的这种变化规律同过饱和固溶体的分解过程有关。

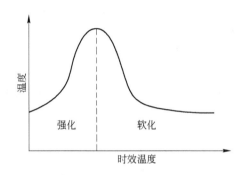

图 7-7　时间、温度对合金时效硬化效果的影响

如前所述，许多合金的硬化，在第一、二阶段之间或第二阶段，达到最大值，当固溶体分解进入第三阶段，特别是弥散相粗化阶段，合金硬度即剧烈降低。由于分解速度同温度有关，故在某一温度下，合金在给定的时效时间内，达到了具有最大强化效果的阶段，因而在曲线上出现极大值。进一步升高温度，固溶体的分解进入最后阶段，强化效果减弱。当弥散相聚集粗化到一定程度后，强化效果即完全消失。应该指出，固溶体分解的各个阶段在试样不同的显微部位并不是同时达到的，而是有先有后。因此，曲线由强化阶段到软化阶段的过渡是平缓的。

不同成分的合金获得最佳强化效果的时效温度不同。对各种工业合金最佳时效温度的统计表明，所有有色金属合金的最佳时效温度与它们的熔点有关，并且有下列关系：

$$T_a = 0.5 \sim 0.6 T_{熔}$$

式中 T_a——合金获得最佳强化效果的时效温度（绝对温度）。

在研制新合金中，确定最佳时效温度时利用此公式可以大大减少实验工作量。

7.5.2.2 时效时间对时效强化效果的影响

固定时效温度，对同一成分的合金进行不同时间的时效，其硬度与时效时间和温度的关系如图 7-8 所示。在较低温度时效时，硬化效果随温度的升高而增大，但达不到最高数值。当温度达到某一数值（图中的 T_4 即 $0.5 \sim 0.6T_熔$）后，曲线出现极大值，并获得最佳的硬化效果。进一步提高时效温度，则合金在较早的时间内即开始软化，而且硬化效果随温度的升高而降低，得不到最佳的硬化效果。

图 7-8 所示曲线称为时效曲线，其变化规律亦可用过饱和固溶体的分解过程解释。

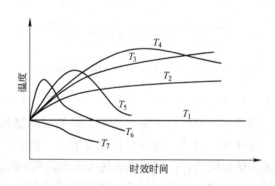

图 7-8   在不同温度下时效时合金的硬度与时效时间的关系
$(T_1 < T_2 < T_3 < T_4 < T_5 < T_6 < T_7)$

7.5.2.3 淬火温度、淬火冷却速度和塑性变形对时效强化效果的影响

实验表明，合金淬火温度越高，淬火冷却速度越快，在淬火过程中固定下来的固溶体晶格中空位的浓度越大，则固溶体的分解速度及硬化效果都将增大。淬火冷速减慢时，如前所述，晶格中淬火产生的过剩空位将减少，若冷速过低，则固溶体在冷却过程中还可

能发生分解，使过饱和程度降低。无论减少晶体中过剩空位的浓度，或降低固溶体对溶质原子的过饱和度，都将降低合金的时效速率和时效硬化效果。

合金淬火后进行冷塑性变形将强烈影响过饱和固溶体的分解过程。可以认为，合金在淬火后进行冷塑性变形，其作用与高温快速淬火的作用相似，可增加过饱和固溶体的晶格缺陷（如提高空位及位错密度，并使其均匀分布于固溶体中等），从而提供更多的非自发晶核，提高固溶体的分解速度和析出物密度，得到更为弥散的析出物质点，使合金的硬化效果增大。图 7-9 所示的实验结果，是这种论点的一个证明。

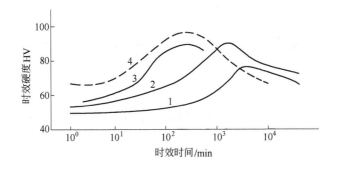

图 7-9　淬火冷却速度及塑性变形对 Al-4% Cu 的合金 200℃
时效硬化速率及硬化效果的影响
1—空冷；2—水冷；3—水冷 + 淬火后压下 10%；4—空冷 + 淬火后压下 10%

7.6　热处理设备

7.6.1　辊底式淬火炉

辊底式淬火炉主要用于铝合金板材的淬火，特别适用于铝合金中厚板的淬火，以达到使合金中起强化作用的溶质最大限度地溶入铝固溶体中提高铝合金的强度。辊底式淬火炉一般为空气炉，可采用电加热、燃油加热或燃气加热。辊底式淬火炉对板材加热、保温，通过辊道将板材运送到淬火区进行淬火，辊底式淬火炉淬火的板材具有金属温度均匀一致（金属内部温差仅为±1.5℃）、转移时间短等特点。

表7-6和图7-10列出了辊底式淬火炉的主要技术参数及结构组成。

表7-6 某辊底式淬火炉的主要技术参数

制造单位	奥地利 EBNER 公司
炉子形式	辊底式炉
用　途	铝合金板材的淬火
加热方式	电加热
板材规格/mm × mm × mm	(2 ~ 100) × (1000 ~ 1760) × (2000 ~ 8000)
炉子最高温度/℃	600
控温精度/℃	≤ ±1.5
控温方式	计算机自动控制

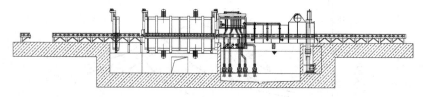

图7-10 辊底式淬火炉的主要结构组成

7.6.2 时效炉

铝板材时效炉的炉型一般为箱式炉或台车式炉,不采用保护性气氛,采用电加热、燃气或燃油加热。典型时效炉的技术参数如表7-7所示。

表7-7 典型时效炉的技术参数

制造单位	航空工业规划设计院
炉子形式	箱式炉
用　途	铝合金板材人工时效
加热方式	电加热
炉膛有效空间/mm × mm × mm	8000 × 4000 × 2600 （长 × 宽 × 高）
最大装炉量/t	40
炉子工作温度/℃	80 ~ 250
炉子工作区内温差/℃	≤ ±3
加热器功率/kW	720
循环风机风量/m³ · h⁻¹	131363
控温方式	PLC 自动控制

7.6.3 箱式铝板带材退火炉

箱式铝板带材退火炉是目前使用最为广泛的一种退火炉，具有结构简单、使用可靠、配置灵活、投资少等特点。现代化台车式铝板带材退火炉一般为焊接结构，在内外炉壳之间填充绝热材料，在炉顶或侧面安装一定数量的循环风机强制炉内热风循环，从而提高炉气温度的均匀性；炉门多采用气缸（油缸）或弹簧压紧，水冷耐热橡胶压条密封；配置有台车，供装出料之用，在多台炉子配置时往往采用复合料车装出料，同时配置一定数量的料台便于生产。根据所处理金属及其产品用途的不同，有的炉子还装备保护性气体系统或旁路冷却系统。

目前，国内铝加工厂所选用的箱式铝板带材退火炉主要是国产设备，其技术性能、控制水平、热效率指标均已达到一定的水平，如表7-8 所示。

表7-8 国产箱式铝板带材退火炉主要技术参数

制造单位	中色科技股份有限公司
炉子形式	箱式炉
用　途	铝及铝合金板带材的退火
加热方式	电加热
炉膛有效空间/mm × mm × mm	7550 × 1850 × 1900（长 × 宽 × 高）
旁路冷却器冷却能力/MJ·h^{-1}	1465
炉子区数	3
最大装炉量/t	40
炉子工作温度/℃	150 ~ 550
炉子工作区内温差/℃	≤ ±3
加热器功率/kW	1080
循环风机风量/m^3·h^{-1}	131363
控温方式	PLC + 智能仪表
冷却水耗量/t·h^{-1}	32

7.6.4　盐浴炉

　　盐浴炉主要用于铝板材的各种退火及淬火。盐浴炉采用电加热，炉内填充硝盐，通过电加热使硝盐处于熔融状态，铝板材放入熔融的硝盐中进行加热。由于硝盐的热容量大，特别适合处理锰含量较高的铝板材，可防止出现粗大晶粒。但是，盐浴炉所用硝盐对铝板材具有一定的腐蚀性，生产中需进行酸碱洗及水洗，同时，硝盐在生产中具有一定的危险性，应用较少。表7-9为典型盐浴炉主要技术参数。

表7-9　典型盐浴炉主要技术参数

制造单位	中色科技股份有限公司
炉子形式	盐浴炉
用　途	铝及铝合金板材的淬火或退火
加热方式	电加热
盐浴槽尺寸/mm × mm × mm	11960 × 1760 × 3500（长 × 宽 × 高）
控温区数	6
硝盐总重/t	170
盐浴槽最高工作温度/℃	535
炉子工作区内温差/℃	≤ ±5
炉子总安装功率/kW	1620
控温方式	晶闸管调控器自动控制

7.6.5　气垫式热处理炉

　　气垫式热处理炉是一种连续热处理设备，既能进行各种制度的退火热处理，又能进行淬火热处理。有的气垫式热处理炉还集成了拉弯矫直系统。气垫式热处理炉技术先进、功能完善，热处理时加热速度快，控温准确，但气垫式热处理炉机组设备庞大，占地多，造价高，应用受到限制。

8 铝及铝合金薄板的精整技术

8.1 概述

8.1.1 冷轧薄板精整的主要方法与作用

冷轧工序结束的产品由于表面残留有较多的轧制油、有较明显的波浪、尺寸大于或倍尺于最终用户要求，因此一般需经过精整工序后才能满足用户要求。冷轧过程中，有的产品由于边部易出裂边，为降低断带的可能性，提高防火安全性、提高轧制速度，也需要在精整工序进行中间切边。还有的冷轧产品需要在中间退火前清除掉表面残留的轧制油，防止退火烧结油斑的出现，提高表面光亮度，也需要在中间退火前进行清洗。一般来说，精整机列主要具有以下功能：

（1）清洗功能：主要是清洗掉冷轧后表面残留的轧制油以及铝灰；

（2）改善板形功能：通过纯拉伸、弯曲矫直或拉伸弯曲矫直等方法消除轧后带材的残余应力，改善板形；

（3）定尺及切边功能：通过切边、分条、切片等方法，将轧后的带材切成不同宽度的卷材或切成不同尺寸的片材，以满足用户的需要；

（4）涂油、涂蜡功能：为保护高表面产品，防止出现层间损伤，或便于后续深加工，需要在精整工序涂上一层保护介质，如 PS 板在通过拉矫时往往在表面涂上少量的清洗油；有的产品为提高冲制性能，需要在精整工序预先涂上一层润滑油，如制罐料需要在精整时在表面均匀地涂上一层预喷油，而罐盖涂层料需要在精整工序涂蜡来改善其冲制性能。

（5）覆膜或衬纸功能：为在开卷、运输、后续加工等过程中保护表面，需要在精整工序为铝材表面进行覆膜或衬纸。

（6）包装功能：分切好的产品为便于运输及便于贮存，一般需要对产品进行包裹并打捆在支架上或装箱。

8.1.2 铝合金薄板精整机列线的配置

按传统的配置可将精整设备分为：拉矫机列、纵切机列、横切机列、包装机列。其中拉矫机列有纯拉伸机列、拉弯矫直机列，其主要功能是清洗、修边和改善板形。纵切机列主要起到修边或分条作用，横切机列主要功能是切片及改善板形。包装机列有自动包装也有手动包装。

但随着铝加工的不断发展，以及各个企业生产产品的不同，在设备配置时考虑的着眼点也不同，精整线的配置或各个机列的功能配置会有较大差异。比如，可根据本企业产品的不同，对精整设备进行有选择性的配置，而不必配备全部的设备，如有的企业可能没有拉矫机列，而有的可能没有分切设备，而有的企业可能没有横切设备，有的企业只有手工包装。还比如有的企业将拉矫、分条、横切放在同一机列，或是将清洗及分切放在同一机列。不论怎样配置，只要适合本企业的产品结构、产品定位，能发挥高的生产效率，能满足用户要求都是合适的。当然，如果一条机列线的功能组合太多，有可能会导致生产线非常长，容易产生较多的头尾废料，同时对设备维护的要求会更高，对要素管理的要求也会更高，如果管理跟不上，其效率反而会较低。

8.2 清洗

8.2.1 清洗原理

板带材在冷轧制过程中，因轧辊与板材表面摩擦和碾压，其表面会产生细微氧化粉脱落和吸附，轧制油及其附带悬浮成分会残留在板带材表面，对板带复合、涂装等成品加工造成不利影响。而且拉弯矫直时由于带材在弯曲辊上产生剧烈弯曲变形，伴随发热，如果带材表面未经清洗，变形时氧化粉脱落，随着油污一起黏附在弯矫机的辊面，会引起辊面磨损，并造成铝板硌伤，因此必须通过专门的清洗装置进行清洗。

清洗站就是利用压力泵对清洗介质加压，对带材表面进行非接触式喷洗，或接触式刷洗，使材料表面的铝粉及油污溶解脱落到清洗介质中，再经挤干辊挤干，高压空气吹扫，或高温空气烘干，以获得洁净干燥的带材。同时，通过不断更新清洗介质，或在线循环过滤，使清洗介质保持足量和清洁。

目前，有色金属加工行业的拉弯矫直机常用的清洗介质有软化热水、清洗剂（或称溶剂油）、化学溶液。其各自优缺点如下：

（1）软化热水：经济易得，安全性高，但附属设备多，电能消耗大，对挤干烘干要求高，否则易造成水腐蚀，清洗能力有限，特别对铝灰的去除能力较弱，影响整机速度。

（2）清洗剂：清洗剂为煤油基或轻柴油，对轧制油和金属粉末、液压油等具有良好的溶解效果，且挥发效果好，对挤干吹扫要求低，不产生腐蚀，不影响整机速度。缺点是成本高，有火灾隐患，对环境有污染，因此要配备循环过滤系统和灭火系统。

（3）化学溶液：采用一定浓度的酸碱化学溶液，使之与板带材表面发生一定程度的化学反应，去除表面金属粉末、油污。优点是清洗效果极佳。缺点是附属设备多，设备易腐蚀，不环保，影响整机速度。

目前，国内的拉矫线大多数都采取软化热水作清洗介质。下面也以此为重点进行介绍。

8.2.2　主要清洗设备

清洗设备用来消除带材上的脏物和油。该装置通常由以下六部分组成：

8.2.2.1　1号挤油辊

1号挤油辊主要是将来料表面的油挤干，在挤干辊的前面，有一个油箱，被挤干的油经过导板流到油箱内便于生产人员处理。

8.2.2.2　高压清洗装置（图8-1）

高压喷洗的压力一般在5～7MPa(50～70bar)之间调节，水温一般为70℃左右，该装置预清洗带材。带材成S形穿过两根橡胶辊，橡胶辊由稳定的焊接框架中的轴承支撑，辊的直径通常在800mm左

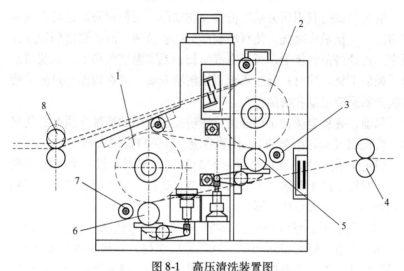

图 8-1 高压清洗装置图

1—下高压 S 辊；2—上高压 S 辊；3—上喷嘴；4—2 号挤水辊；
5—1 号刷辊；6—2 号刷辊；7—下喷嘴；8—1 号挤油辊

右。每根胶辊斜下方各布有一根或多根喷射杆，喷射杆上装有一定形状及有序分布的高压喷嘴，它们的排列位置能确保在带材的宽度范围内能获得最佳的喷洗条件。在胶辊下方还各有一根清刷辊，清刷辊外部由质地较软的毛绒构成，工作时清刷辊旋转方向与带材运动方向相反，在高压水的冲刷下，清刷辊将带材残余油污除去。高压喷射区的基础下配有一个带液位开关的收集箱，由一台水泵将这里的液体转送到过滤水箱。喷洗区的罩子是不锈钢制作的，在操作侧可以打开，并配有窗口。

8.2.2.3 2 号挤水辊

2 号挤水辊将高压喷洗区出来的带材表面上的水挤干，在 2 号挤水辊的作用下，带材表面残留的水经过导板流向高压喷洗区的收集箱。

8.2.2.4 低压清洗装置（图 8-2）

低压清洗装置（水压大约为 0.5MPa(5bar)）对带材做最后清洗。低压清洗所用的水温约 85℃，低压装置内有几组喷射杆，上面排列有喷头，工作时上、下喷头向带材喷射低压水，对带材表面进行清

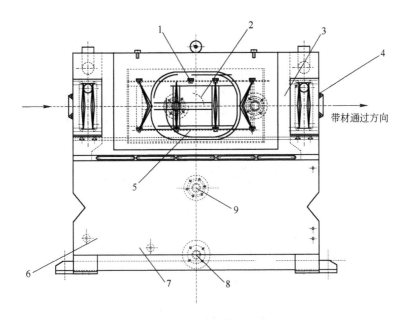

图 8-2 低压清洗装置示意图
1—上喷嘴；2—循环水管；3—补水管；4—毛刷；5—下喷嘴；
6—蒸气入口；7—蒸气出口；8—排水口；9—溢流口

洁。喷嘴所在区域称为喷淋区，喷淋区的罩子是不锈钢制作的，在操作侧可以打开，并配有一个窗口。在低压装置的出入口处各安装一对刷子，这些刷子能减轻带材表面的油污，并使低压清洗区最大限度地保持封闭。

8.2.2.5 3号挤水辊

3号挤水辊将带材表面残留的水挤干，在3号挤水辊的作用下，带材表面残留的水经过导板流向低压喷洗区的收集箱。

8.2.2.6 烘干箱（图8-3）

烘干箱主要由热冷空气干燥器组成，其作用是用来干燥清洗后的带材，由于带材边部带水量较大，通常在烘干箱内额外带有一个边缘干燥器。

烘干箱内上、下两侧配有风刀（喷气梁），工作时风刀喷射高压空气对带材表面进行干燥，这些风刀必须罩住整个带材宽度。

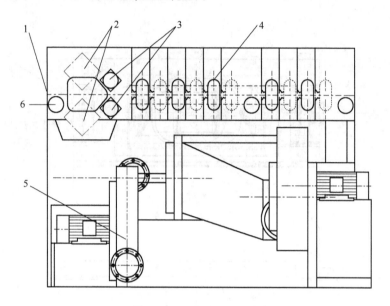

图 8-3 烘干箱示意图

1—带材；2，3—风刀；4—挡风板；5—电机；6—托辊

在干燥区有两个喷气梁，一个位于上方，一个位于下方，每个都由冷风机提供空气。另有六个喷气梁位于带材的上方，六个喷气梁位于带材下方，由一台热风机提供空气。上、下两排可调节的喷嘴干燥带材的边缘，由热风机提供空气。

8.2.3 清洗操作生产准备

清洗操作生产应做好以下准备工作：

（1）检查清洗介质：水温、水压、水质；油温、油品外观与含水率；酸碱浓度、温度。确认上述各参数是否符合工艺操作规程要求，若不符则找相关部门进行处理直到符合工艺操作规程要求方可进行生产。

（2）检查清洗设备：喷嘴堵塞情况，挤干辊（挤水、挤油、挤酸、碱液）辊面状况、运转情况，刷辊的毛刷状况与运转情况，介质过滤装置运行情况。喷嘴应无堵塞，若有应处理确保带材宽度范围被喷射水流覆盖。

（3）检查烘干与吸附装置：热风供应是否正常、喷风有无异常，真空吸附装置能否正常运转。在设备运行正常和清洗介质达到工艺要求的情况下方可启动设备对铝材进行清洗。

8.2.4 带材表面清洁度的影响因素

影响带材表面清洁度的因素如下：

（1）来料表面的轧制油含量及其均匀性。正常情况下，带材表面的轧制油应是一层比较均匀的且较薄的油膜，如果带材表面的轧制油含量超标或由于轧机吹扫、机列有滴漏现象等造成带材表面有油带、油团等，则会影响拉矫后带材表面的清洁度。

（2）清洗要素指标，如水温、水压、清洗水的过滤情况等。要求其清洗要素指标必须达到要求，且对于来料表面较脏的带材或对表面清洁度要求较高的带材，其清洗要素指标控制尽量在上限或维持一个较好的状态。否则，指标过低会影响带材表面的清洁度。

（3）设备卫生的状况，包括水箱、导路、辊系等是否清洁。设备不清洁会导致脏物混入清洗水中，造成新的带材表面污染。

（4）循环清洗水的过滤情况。在各种不同的拉矫机列中，清洗水的过滤仅限于高压清洗水重复过滤，而目前国内部分拉矫新增了板式过滤器，其对清洗水的过滤明显好于以前在贮水箱的单层过滤方法。而在一些采用油清洗的拉矫机列，板式过滤器系统则是必备设备，如图8-4所示。

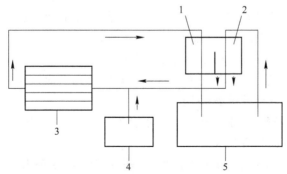

图8-4 清洗过滤系统清洗剂喷射和循环过滤示意图

1—净液箱；2—脏液箱；3—板式过滤机；4—喂料罐；5—清洗站

（5）机列速度的变化。低速生产能提高带材表面的清洁度。

（6）来料温度。来料温度对于清洗后带材表面的清洁度也有非常大的关系，在其他设备因素不变的情况下，来料温度高的铝卷其清洗效果明显好于来料温度低的铝卷，主要原因是卷材温度高，表面上的油更易挥发，且更易融于水。

8.2.5　清洗效果的判定

实践表明，拉矫的水清洗对于清洗掉来料表面的轧制油效果较好，但对于清洗掉来料表面的铝灰等非油物质的效果次之，而油清洗能够有效清洗掉铝灰等非油物质。水清洗效果的判定可通过如下手段：

（1）目测：带材表面有没有目测可见的油污、油带、油团等现象。

（2）纸巾测试：用干净的纸巾在清洗后的带材表面擦拭，纸巾表面有没有明显的发灰现象。

（3）刷水实验：用酒精溶液（60%的蒸馏水和40%的酒精配制）滴在带材表面上，观察滴液是否收缩，未收缩或收缩程度较小则表示清洗效果较好。

8.2.6　清洗效果不合格时的处理

清洗效果不合格时应做以下处理：

（1）检查清洗要素是否合格，如水压、水温等，且当对带材表面清洁度要求较高时，其清洗要素指标尽量控制在上限。

（2）检查清洗喷嘴是否有堵塞现象。

（3）检查喷嘴角度是否正确，其正常的角度应该是与带材运行方向相反，且与带材呈45°角。

（4）检查清洗水的状况，如不合格必须换水，包括高、低压水箱、过滤水箱和清刷水箱。

（5）加强对道路辊系的清理，特别是当带材来料表面油污较多，对辊系表面造成的污染较重时，还应加大清理频次。

（6）清理高、低压水箱，过滤水箱，清刷水箱，过滤罐和水循环管道。

(7) 降低生产速度。

8.3 矫直

矫直的主要目的是改善冷轧后铝板带的板形不良状况。板带材在冷轧加工时，由于辊型与辊缝的形状等原因会引起板带材板形不良，如产生波浪（双边波浪、单边波浪、中间波浪、两肋波浪）、翘曲、侧弯及瓢曲和潜在板形不良等。这些缺陷的产生是因轧件在宽度方向上的纵向延伸不均匀，出现了内应力的结果。为了消除板带材的板形不良，使板带材内应力趋于均匀，需要对板带材进行矫直。随着市场经济的发展，人们生活水平的不断提高，当今很多深加工产品都要求表面有很高的平直度，比如：装饰板、用于精加工的高表面板、涂层板、印刷版、亲水箔毛料等。如不经过矫直，只通过冷轧工艺是很难达到用户的使用要求。

根据矫直时是否投入弯曲矫直设备，矫直可分为：连续纯拉伸矫直、弯曲矫直及拉伸弯曲矫直。

8.3.1 连续纯拉伸矫直

8.3.1.1 设备概述

纯拉伸矫直也叫纯张力矫直，即矫直板形全靠 S 辊之间建立的张力对带材进行矫平（图 8-5）。来自开卷机的带材由位于弯曲矫直机前的张力辊组导入。由于每个张力辊与带材之间都有较大的接触包角，可以在带材上产生较大的拉应力。当拉力达到一定值后带材受内部拉应力的地方首先产生纵向塑性变形，从而达到改善板形的作用。

带材拉伸主要依靠拉伸制动张紧 S 辊装置来完成，一般分为四辊拉伸矫直和八辊拉伸矫直，如图 8-5 所示，前、后两对张力辊使带材在其张力的作用下产生塑性拉伸变形，从而达到矫平带材的目的。拉伸矫直要求 S 辊电机负荷大，特别是中间两根 S 辊，而 S 辊承受负荷越大，辊面越易受损伤，所以拉伸矫直适合于强度低的纯铝生产，而不适合强度高的合金料的生产。

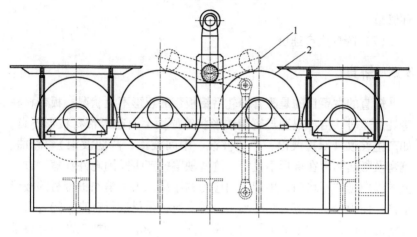

图 8-5　S 辊组示意图

1—压辊；2—S 辊

8.3.1.2　连续纯拉伸矫直原理

连续纯拉伸矫直原理是利用两组 S 辊之间的拉力使带材产生一定的塑性变形，达到消除或减小板片残余应力的目的，使带材平整，如图 8-6 所示。

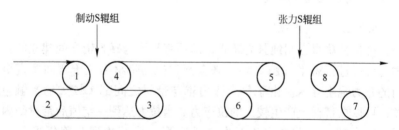

图 8-6　连续纯拉伸矫直示意图

连续纯拉伸矫直机的特点是不装配小直径的钢矫直辊，带材在制动 S 辊组入口处开始至张力 S 辊组出口间进行拉伸，带材张力由 1 ~ 4 号制动张力辊升至屈服强度极限，再由 5 ~ 8 号张力辊将带材张力降下来。

8.3.1.3　连续纯拉伸矫直生产方式的优缺点

连续纯拉伸矫直生产方式的优缺点如下：

（1）优点：操作简单，且有利于表面质量要求较高，特别是不允许有矫直辊印的带材生产。

（2）缺点：材料塑性延伸主要发生在入口张力辊组和出口张力辊组之间的两根辊子上，在纯拉伸矫直时，这对辊子提供的张力相当大，辊面挂胶层容易磨损，导致这对辊子的更换与磨削频繁；连续纯拉伸矫直时带材受到的张力较大，生产前必须先切掉裂边，否则拉伸时容易造成断带；厚料和某些硬合金带材，尤其是屈服极限 R_e 与强度极限 R_m 较接近的材料，很难通过连续纯拉伸矫直的生产方式矫平。

8.3.1.4　连续纯拉伸张力计算

连续纯拉伸矫直是在张力作用下带材发生塑性变形而获得的矫直。板形不良的带材，其纵向纤维长度不同，因而在张力作用下，各条纤维的 C_u（相对弹复率）和 C_1（相对剩余伸长率）是不同的。纯拉伸矫直张力计算公式为：

$$T = bhR_e[1 + E_1/E(C_1 - 1)]$$

式中　b——带材的宽度，mm；

$\quad$ h——带材的厚度，mm；

$\quad$ R_e——带材的屈服极限，MPa；

$\quad$ E_1——材料的纯属强化模量；

$\quad$ E——材料的弹性模量；

$\quad$ C_1——相对伸长率（$C_1 = \varepsilon_1/\varepsilon_s$，$\varepsilon_1$ 为带材的拉伸变形率，ε_s 为带材的屈服变形率）。

8.3.1.5　伸长率的设定

伸长率的设定原则是在保证带材板形质量的前提下，伸长率不宜过大。伸长率的计算公式为：

$$A = (v_{S2.1} - v_{S1.4})/v_{S2.1}$$

式中　A——带材的伸长率；

$\quad$ $v_{S1.4}$——制动 S 辊组 4 号辊线速度；

$\quad$ $v_{S2.1}$——张力 S 辊组 5 号辊的线速度，一般代表机列线速度。

8.3.2　弯曲矫直

　　弯曲矫直即辊式矫直，由于矫直机的物理特性，特定规格的辊式矫直机对可矫直的金属材料的厚度范围及屈服强度均有限制。弯曲矫直机主要的物理参数是工作辊直径和工作辊中心距离（辊子间距）。金属带材通过弯曲矫直机上、下工作辊间隙时，可获得的最小弯曲半径大于工作辊半径，这是弯曲矫直机可矫直金属（在一定的屈服强度范围内）带材最小厚度的限定因素。

　　弯曲矫直设备主要由一组弯曲辊系和一组矫直辊系组成，如图8-7和图8-8所示。

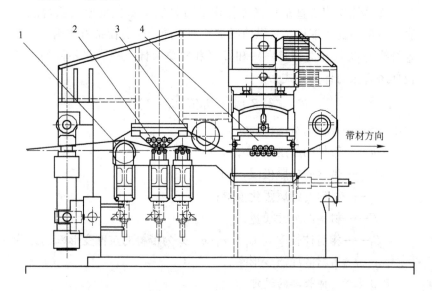

图 8-7　弯曲矫直机示意图

1—下偏导辊；2—三辊弯曲辊组；3—上偏导辊；4—九辊矫直辊组

8.3.2.1　弯曲装置概述

　　弯曲辊装置由两侧的焊接钢件组成，这些钢件固定在顶架和两个等距离连杆上。弯曲装置固定在基础框架的制动隔离环和张力框架上，可取出的辊组装在顶架的入口侧，它支撑Ⅱ和Ⅳ号弯曲辊和它们

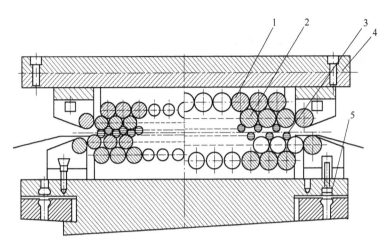

图 8-8 矫直机辊系布置示意图

1—支撑辊；2—中间辊；3—工作辊；4—上机架；5—下机架

的中间辊、支撑辊。在带材前进方向上的下一段，排列的是塑料包覆的偏导辊，它由两侧部件上的轴承支撑，如图 8-9 所示。

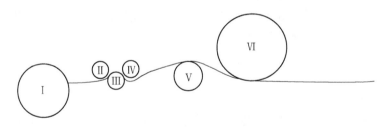

图 8-9 弯曲辊装置

滑轨装在两侧的机件上，在其上有一个高度可调的托架，托架定位在可快速调节的传动装置上，该传动装置设计成偏心轴。托架可以升高 100mm，升高运行由一个液压摆动缸控制。有两个架子附在托架上，两个架子在带材方向上前后排列，第一个架子支撑一个辊组，在该辊组中有弯曲辊Ⅲ和它的中间辊和支撑辊。第二个架子也支撑一个辊组，在该辊组中有弯曲辊Ⅴ和它的中间辊和支撑辊。该两个架子分别由液压马达控制的螺旋千斤顶升降，因此，可以确定弯曲辊Ⅱ和Ⅳ之间的弯曲辊Ⅲ的咬入深度，或确定弯曲辊Ⅳ和偏导辊Ⅵ之间的弯曲辊V的咬入深度。

8. 3. 2. 2 矫直装置概述

以西南铝业集团有限责任公司冷轧厂九辊矫直为例，如图 8-10 所示。

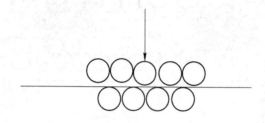

图 8-10 矫直装置示意图

矫直装置主要由稳定的焊接钢辊盒、一个机架、上下可取出的辊组组成。矫直装置固定在位于弯曲辊装置后的基础框架上。

下辊组装在辊盒上，其中有 4 根工作辊，以及由轴承支撑的中间辊和支撑辊，在辊盒和支撑板之间是 9 个可调节的楔形块，通过这些楔形块，可以调节用于矫直辊的 9 根支撑辊托架的高度，这种装置通过凸出或凹入来确定下工作辊的位置，同样该装置还可以分别调节与此分开的、单独的支撑装置。

上辊组由 5 根工作辊以及它们的中间辊和支撑辊组成，该装置通过连接到辊盒上的两根导杆连接在机架上。

为了使上辊组处于倾斜位置，用一个精调器可以调节两个导杆的高度，通过一个液压马达，由两个蜗杆进行调节。在机架的出口侧，安装有两个悬挂的液压缸，两个液压缸推动机架与上辊组一起升起，打开辊缝。在闭合位置时，液压缸处于不工作状态。

在与两个导杆相连的液压缸的入口侧有一个精调器，通过一个液压马达，由一个蜗杆和一根偏心轴执行这个调节。从而调节上辊组高度以及倾斜位置。

可以从主控制台上设置高度调节装置，设置的值显示在监视器上。操作主操作台上的高度调节开关就可以调节上矫直辊组，该调节控制平行状态。

　　根据被矫带材的材质、板厚、板形等不同，可选用不同的辊缝。被矫带材通常在弯曲矫直机的入口处产生较大的弯曲，这种弯曲程度是沿着出口方向逐渐减弱。经过很多辊子反复矫正，带材的曲率逐步减小而逐渐变得平直。金属折弯的弯曲半径减小时，折弯处屈服部分增大，如图8-11和图8-12所示。

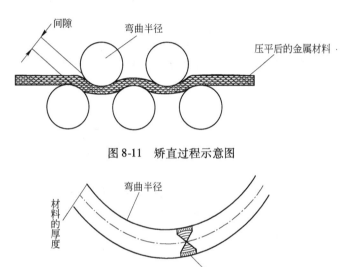

图 8-11　矫直过程示意图

图 8-12　弯曲应力图

8.3.3　拉伸弯曲矫直

8.3.3.1　拉伸弯曲矫直的工作原理
　　拉伸弯曲矫直即采用拉伸矫直和弯曲矫直同时进行，使带材在承受拉力作用的同时承受反复弯曲的作用力，达到消除其残余应力矫平带材的目的。
　　为克服连续纯拉伸矫直的缺点，必须设法降低所需拉伸力。因此在双S辊之间安装各种类型的辊式矫直，使带材矫直时在拉应力和弯曲应力的叠加作用下，产生塑性变形，达到消除板形缺陷的目的。图8-13~图8-16列出了几种不同配置的拉伸弯曲矫直机示意图。

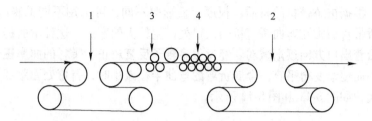

图 8-13　连续拉伸弯曲矫直机列设备构成示意图（一）
1—制动 S 辊组；2—张力 S 辊组；3—三辊矫直辊组；4—九辊矫直机

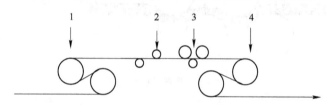

图 8-14　连续拉伸弯曲矫直机列设备构成示意图（二）
1—入口 S 辊；2—弯曲辊；3—三辊矫直；4—出口 S 辊

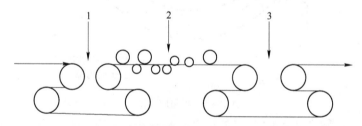

图 8-15　连续拉伸弯曲矫直机列设备构成示意图（三）
1—入口 S 辊；2—四元六重矫直；3—出口 S 辊

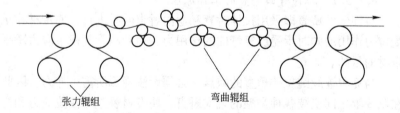

图 8-16　连续拉伸弯曲矫直机列设备构成示意图（四）

带材在张力的作用下，通过弯曲矫直机时产生了纵向拉应力与弯曲应力。由于弯曲应力的作用面与纵向拉应力不同，实际矫直过程是发生在两个作用面叠加范围中。如图 8-17 所示的叠加应力分布，两种叠加应力作用的结果，使被矫带材内的各种应力，通过拉伸和弯曲应力而产生变化，即带材中产生形状不同的长短纤维组织同时被延伸拉长。在它们弹性收缩之后，延伸变长的纤维仍然保留。由于拉应力所产生的永久性塑性变形表现为延伸形式，使带材不均匀的纤维组织均匀，内应力值相同且方向一样，达到了矫直的目的。

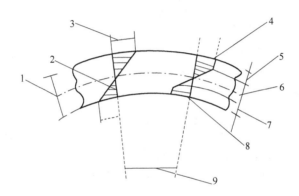

图 8-17　拉伸弯曲应力叠加应力分布图
1—带材厚度；2—压应力；3—拉应力；4—拉应力截面；5—塑性区；
6—弹性区；8—压应力截面；9—曲率半径

在确定连续拉伸弯曲矫直的张力 T 时，只要经过两次以上的弯曲变形和一次矫正变形，使带材的剩余伸长率适当地大于材料的 σ_s，一般来说，矫直后的带材都是平直的。带材是在拉伸变形和弯曲变形的共同作用下获得矫直的，因此所需张力比纯拉伸时要小得多。连续拉伸弯曲矫直带材所需的拉应力比 σ_s 小。连续拉伸弯曲矫直时的张力计算公式为：

$$T = bhC_1\sigma_s = bh(0.1 \sim 0.3)\sigma_s$$

对于理想弹塑性材料，板形好的带材可取 $C_1 = 0.1$，对于板形差的带材，取 $C_1 = 0.2$，而对于强化弹塑性材料，板形好的带材可取 $C_1 = 0.2$，对于板形差的带材，取 $C_1 = 0.3$。

连续拉伸弯曲矫直生产方式具有以下优缺点：

（1）优点：连续矫平，生产率高；功率消耗小；适用材料范围宽；矫平质量高等。

（2）缺点：设备造价和运行费用较高，对操作及设备维护要求高，容易产生缺陷，如矫直辊印、矫直辊粘伤、麻皮、色差等。

8.3.3.2　拉伸弯曲矫直的生产工艺

A　生产准备

a　S 辊的质量确认

S 辊到精整现场后，由拉弯矫操作手对 S 辊表面再次进行确认，对不合格的辊子不予接收，对合格的辊子必须确认其适合上机的位置。S 辊的技术指标一般包括：直径、粗糙度、锥度、凸度、轴劲跳动、硬度、表面质量、安装水平度等。表 8-1 是国内某单位 S 辊的典型技术指标。

表 8-1　S 辊的技术指标

项目	直径 /mm	粗糙度 /μm	锥度 /mm	凸度 /mm	轴颈跳动/mm	邵氏硬度	配对要求	表面质量	安装水平度 /mm·m⁻¹
技术参数	900	1.6	≤0.05	0.15	≤0.03	80	无	无气泡、划伤、压痕、刀花、斜纹等	≤0.05
控制要求	φ－15	1.6~3.2	≤0.05	0.12~0.15	≤0.08	80±3	无		≤0.05

b　S 辊的更换

S 辊表面存在缺陷造成带材表面产生印痕、折印等缺陷，以及 S 辊表面过于光滑产生打滑，造成带材擦伤等缺陷时必须及时更换 S 辊。所有换下的 S 辊，生产工需在辊子表面用蜡笔注明更换原因，如能找到产生缺陷的部位，必须用蜡笔在该部位做好标记，便于磨床进行针对性磨辊。

c　矫直机的使用要求

新装配矫直机投入使用时，生产工应用头尾废料对矫直机进行泼油润滑清洗，并根据板片质量检查矫直效果。

投入矫直机时需开启矫直机前清洗润滑油喷嘴，观察喷嘴是否堵塞和喷油量大小，保证上下板面形成油膜。

生产过程中使用矫直机时，应根据板片厚度调节矫直机压下量，尽量采用小压下量控制，防止产生辊印和损坏矫直机。

在使用矫直机出现印痕、麻皮、辊印、色差等缺陷时，需停机处理后才能继续生产。

d 矫直机的更换

每月设备检修时，将矫直机从机架内拖出检查保养，对有损坏的工作辊、中间辊进行更换，对辊面进行清理，对矫直机内堆积污垢进行清除。

如矫直机出现异常情况，生产工处理无效果时，当班生产工应在交接班做好明确记录并通知钳工处理更换。

e 矫直机辊系的技术指标

一般情况下，矫直机需对直径、粗糙度、锥度、凸度、轴颈跳动、配对要求、硬度、安装水平度等指标进行控制。表 8-2 和表 8-3 是国内某厂的矫直机主要技术指标。

表 8-2 九辊矫直机各辊系技术指标

名称	直径 /mm	粗糙度 /μm	锥度 /mm	凸度 /mm	轴颈跳动/mm	配对要求	邵氏硬度	安装水平度 /mm·m^{-1}
工作辊	42	0.08~0.1	≤0.004	≤0.05	≤0.004	≤0.01	HRC62~65	≤0.05
中间辊	40	0.15~0.2	≤0.004	≤0.05	≤0.004	≤0.01	HRC56~58	≤0.05
支撑辊	48	0.6~0.8	≤0.004	≤0.01	无	无	HRC60~62	≤0.05

表 8-3 三辊矫直机各辊系技术指标

名称	直径 /mm	粗糙度 /μm	锥度 /mm	凸度 /mm	轴颈跳动 /mm	配对要求	邵氏硬度	安装水平度 /mm·m^{-1}
工作辊	50	0.08~0.1	≤0.004	≤0.05	≤0.004	≤0.01	HRC62~65	≤0.05
	25	0.08~0.1	≤0.004	≤0.05	≤0.004	≤0.01	HRC62~65	≤0.05
	55	0.08~0.1	≤0.004	≤0.05	≤0.004	≤0.01	HRC62~65	≤0.05
中间辊	28	0.15~0.2	≤0.004	≤0.05	≤0.004	≤0.01	HRC56~58	≤0.05
	40	0.15~0.2	≤0.004	≤0.05	≤0.004	≤0.01	HRC56~58	≤0.05
支撑辊	48	0.6~0.8	≤0.004	≤0.01	无	无	HRC60~62	≤0.05

B 辊式矫直机的调节

矫直板形的调节手段有两种：斜度调节和支撑调节。

a 斜度调节

（1）斜度调节原理。

斜度调节是矫直金属材料时对辊式矫直机进行的基本调整。辊式矫直机的上工作辊装入一个可竖直调整的机架中，入口侧和出口侧工作辊在竖直方向上可独立调整，这种改变上、下工作辊间的相对位置（下工作辊固定）的调整方式叫做斜度调整。斜度调整后沿着带材纵向，材料的弯曲半径由小到大。当上、下工作辊之间的竖直距离减小时，弯曲半径也随之降低（变小），这就使得机器能够矫直具有一定厚度范围和相对屈服强度的金属材料。但该间隙绝不能低于所加工的金属材料的厚度，否则超过矫直机的设计负载能力，对矫直机造成损害。斜度调整可以纵向矫直带材，如下垂、上翘缺陷。斜度调整示意图如图 8-18 所示。

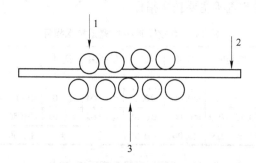

图 8-18 斜度调整示意图

1—上工作辊；2—带材；3—下工作辊

斜度调节用按钮控制，可分别调节入口侧开、关和出口侧开、关，开是指增大上、下工作辊的垂直距离，而关是指缩小上、下工作辊的垂直距离。调节的同时，在主操作台上能显示入口侧和出口侧的状况。上、下工作辊的垂直距离有三种情况，如图 8-19 ~ 图 8-21 所示。

（2）带材下垂的矫直方法。

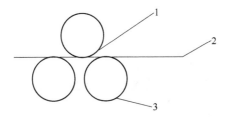

图 8-19　0 位（上工作辊与下工作辊相切）

1—上工作辊；2—切线；3—下工作辊

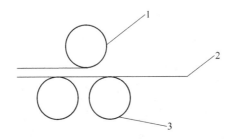

图 8-20　正（+）

1—上工作辊；2—切线；3—下工作辊

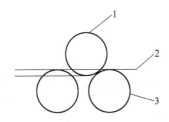

图 8-21　负（-）

1—上工作辊;2—切线;3—下工作辊

　　带材下垂的矫直方法如图 8-22 所示。反向点动设备，直到带头回到前几个工作辊之间或退出工作辊，关闭入口侧斜度调整，检查出口侧设定值，调到大约带材的厚度，向前点动设备，将金属带材从工作辊之间挤过去。如果带材还下垂，再重复上述步骤，直到带头平直为止。

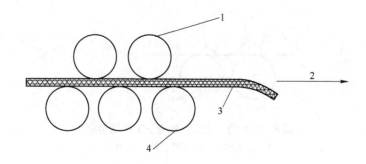

图 8-22 带材下垂

1—上工作辊；2—出口侧；3—带材；4—下工作辊

（3）带材上翘的矫直方法。

带材上翘的矫直方法，如图 8-23 所示。反向点动设备，直到带头回到前几个工作辊之间或退出工作辊，将出口侧斜度调整打开 0.010in(0.0254cm)，向前点动设备，将金属带材从工作辊之间挤过去。如果带材仍上翘，再重复上述步骤，直到带头平直为止。

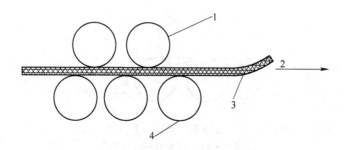

图 8-23 带材上翘

1—上工作辊；2—出口侧；3—带材；4—下工作辊

b 支撑调节

（1）支撑调节原理。

对支撑辊单组或多组进行位置垂直调节，使工作辊弯曲半径沿轴向发生改变，使带材横向弯曲半径不一致，从而使带材变形不一致，弯曲半径小则变形程度大。支撑调节可矫直边部波浪、中间波浪等多种板形缺陷。支撑辊的调整一定要使工作辊以一均衡而成比例的弯曲率支撑，即相邻两组支撑间的垂直位置不能相差太大，否则容易导致工作辊断裂。支撑调节示意图如图 8-24 所示。

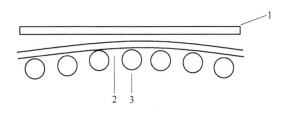

图 8-24　支撑辊调节示意图
1—上工作辊；2—下工作辊；3—支撑辊

如图 8-24 所示，上工作辊由固定支撑辊组支撑。该固定支撑辊是在工厂内调定，用以支撑上工作辊，因此，在弯曲加工金属材料时，上工作辊保持平直。外支撑下支撑辊组也是固定的，这些辊组是在工厂调好并支撑处于平直状态的下工作辊。内支撑上支撑辊组可以 0 位为基准进行正（＋）、负（－）调节其垂直位置。每组支撑可以单独调节。

0 位支撑设定值的作用：0 位基准点就是下工作辊平直位置（与上工作辊平行），因此在这个设定值时，上、下工作辊是平行的，上、下工作辊之间的垂直距离在整个矫直机宽度上是相同的。因此，由斜度调整形成的弯曲半径将能使某一特定的金属材料在整个宽度上均匀地屈服折弯。0 位设定值只用在需要校正平直度或少量的横弓的时候。

正（＋）支撑设定值作用：正设定值按工作辊向"内"朝加工的金属材料偏转，如图 8-25 所示。

当斜度调节设定后，其所得的弯曲半径可通过支撑调节沿横向改变。B 位所得弯曲半径小于 A 位的弯曲半径，因此，金属材料在 B 位弯曲的程度较 A 位大。这种支撑调节被用来校正边缘波浪。

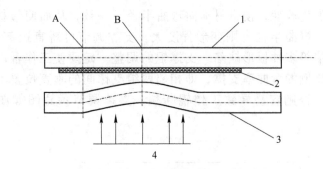

图 8-25　正（＋）支撑设定值作用示意图

1—上工作辊；2—金属材料；3—下工作辊；4—可调支撑

负（－）支撑作用调整的作用：负（－）支撑作用调整值能够使工作辊向"外"背离加工材料的方向偏转，如图 8-26 所示。

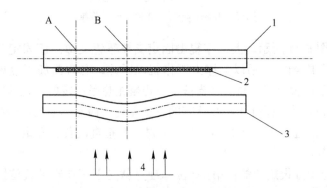

图 8-26　负（－）支撑作用调整的作用

1—上工作辊；2—金属材料；3—下工作辊；4—可调支撑

当斜度调整完成后，其所得的弯曲半径通过支撑调节沿横向改变。A 位比在 B 位弯曲的程度更大。因此，金属材料在 A 位弯曲的程度较 B 位大。这种支撑调节用于中间浪或极限横弓板形校正。

（2）支撑辊调整控制。

每一个可调支撑辊的垂直运动都由电机驱动并对矫直机进行"进"、"出"控制。每个可调支撑辊都带有一个仪表，上面以 0 为基准分正（＋）、负（－）十进制值（英寸），用于指示支撑辊的垂直位置。每个表都按相对应的支撑辊编号，1号为最靠近操作控制盘的可调支撑辊。每个支撑辊的正或负垂直运动受电气极限保护，当某支撑辊调节到它的设定极限时运动将停止，并且全部支撑辊停止工作，然后被调到极限的支撑辊将以相反方向动作，一旦调回极限范围内之后，全部支撑辊都可运转。另外，还有一支撑辊调节联锁，它要求经过操作台上的按钮旁通此线路，当一个支撑辊调节到其最大"进"（＋）的位置，而另一个支撑辊调节到其最大"出"（－）位置时，所有的支撑辊在两个方向都不能动作，按下一个联锁旁通按钮，便可将其中一个支撑辊调整到它的极限范围内，这一步完成后，其他支撑辊也可调到它们的极限以内，从而所有的支撑辊都变得可以工作了。

（3）支撑辊调节的一般规程。

要求作支撑调节的主要板形有边缘波和中央浪。有边缘波的金属材料可表述为中心紧而边缘松。有中央浪的金属材料可以表述为中央松、边缘紧。由于材料的差异性较大，因此不能给出准确的支撑调整设定值，因而，操作手可根据经验以目测判断的方式提高预定正确的设定值的能力。支撑辊的调整一定要使工作辊以一均衡而成比例的弯曲率支撑。相邻两个支撑辊的差绝对不应超过 0.020in（0.0508cm），如图 8-27 ~ 图 8-31 所示。不按照规程的结果可导致工作辊断裂。

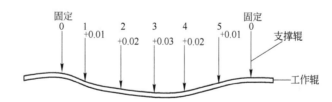

图 8-27　正确支撑调节配合（一）

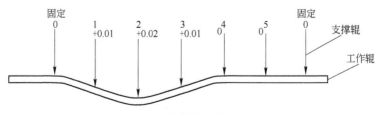

图 8-28　正确支撑调节配合（二）

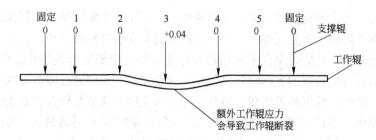

图 8-29 错误支撑调节

典型板形的支撑调节方法如图 8-30 ~ 图 8-33 所示。

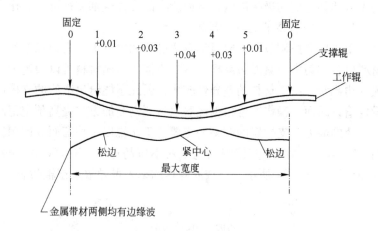

图 8-30 双侧边波

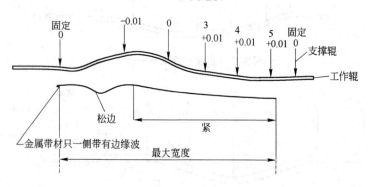

图 8-31 单侧边波

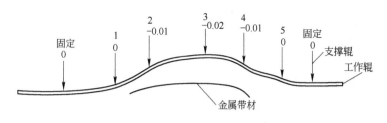

图 8-32 横弓

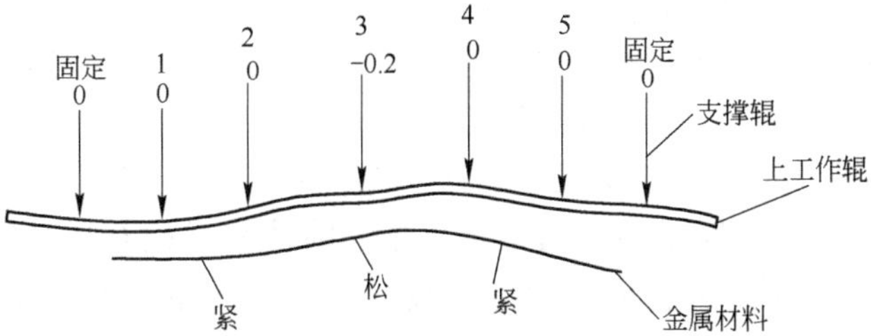

图 8-33 中波

如图 8-30 ~ 图 8-33 所示，支撑辊调"进"到金属带材紧的位置，调"出"到金属带材松的位置。所要求的调节设定值将按金属材料的形状和物理特性的不同而发生变化。

对于横弓这种板形的校正，支撑辊调"出"如图 8-32 所示，这样金属材料便更朝边缘有比例地弯曲。要求的调节设定值将根据板形和金属材料的物理特性从图示的值开始变化。

中波调节如图 8-33 所示，金属材料松弛部分的支撑调"出"，使得较紧部分弯曲得更多，所要求的调节设定值将根据板形和金属材料的物理特性从图示的值开始变化。

C 典型拉伸弯曲矫直机技术参数举例

以西南铝业（集团）有限责任公司冷轧厂 2 号 1700mm 拉弯矫直机列为例，其矫直机类型为四元六重矫直机，生产的某合金状态为 5052H19 的产品，规格为 $(0.24 \sim 0.26)$ mm × 1485mm；该产品的板形质量要求为：（1）每米波浪不超过 3 个，且每个波高不超过 4mm；（2）两端翘头高度不超过 10mm；（3）不允许向下翘头。

该产品生产的主要技术参数如下：

伸长率：$0.5\% \sim 0.6\%$

速度：$180 \sim 210 \mathrm{m/min}$

1 号矫直辊高度：$0.9 \sim 1.2 \mathrm{mm}$

2 号矫直辊高度：$1.7 \sim 2.1 \mathrm{mm}$

展平辊高度：$0 \sim 0.2 \mathrm{mm}$

D 矫直机清洗油喷油量的控制

在投入矫直机系统时，由于工作辊与带材表面产生相互的摩擦接触，如果在接触面处没有清洗油等进行润滑冲洗，易造成矫直工作辊处脏物堆积、工作辊表面镀铬层脱落，从而产生麻皮、印痕、矫直辊粘伤等矫直缺陷。因此需要对矫直机工作辊辊面进行润滑油清洗，对于润滑油喷油量的调节要求，喷油量必须合适且呈雾状，且板面覆盖率至少在 80% 以上，油量不易过大也不易过小，过大浪费润滑油，使成本升高，且易造成更多的润滑油带入第二组 S 辊辊面，造成 S 辊的油蚀，易造成带材打滑。润滑油油量过小又起不到润滑作用。

喷油质量的好坏关键在于喷嘴的质量和控制油量压缩空气阀的调节。

E S 辊的管理

张力矫直机质量控制关键在于 S 辊和矫直机的应用技术。S 辊的表面质量、辊型要求和材质是控制的重要方面。表面质量要求包括辊面粗糙度及表面损伤状况。一般情况下，辊面粗糙度用粒度为 20 号 ～50 号砂轮在一定的工况条件下磨削来保证，辊面不允许有凹凸不平的缺陷。辊型要求主要是指辊身凸度、锥度与圆跳动。材质要求主要是指材料的硬度和辊身材质的均匀性。S 辊的质量好坏直接影响辊系的稳定性、板形的控制效果及表面质量。目前，国内拉矫 S 辊的辊面主要以光滑辊面为主，而部分拉矫线的 S 辊辊面为粗化辊面（凹凸不平状），该辊面的优点：S 辊与带材间的摩擦力增大，打滑现象减少，因折印换辊几率减少，有利于提高生产效率。缺点：S 辊表面的凹凸不平可能会对带材表面质量造成一定的影响，特别是较软的材料的生产。

8.3.4 矫直质量控制

8.3.4.1 矫直后表面质量控制

拉伸矫直后会产生的缺陷有矫直辊印、粘伤、印痕、麻皮、滑移线等，其主要产生原因是矫直机粘铝或异物、工作辊表面镀铬层有损伤、支撑辊调节不当、设定伸长率过大、喷油系统出现问题、压下量过大等。采取的措施有清辊、换辊、处理喷油系统、合理调节伸长率和压下量等参数。

8.3.4.2 影响矫直后板形质量的原因及解决措施

（1）伸长率不当。伸长率过小，未能完全消除其残余应力，板形产生回复；伸长率过大，产生了新的残余应力，甚至产生滑移线缺陷。一般而言，纯铝、薄料或来料板形较好的料，其伸长率可适当小一些；而合金铝、厚料或来料板形较差的料，其伸长率可适当大一些。

（2）弯曲矫直系统调节方法不当。如斜度调节、支撑调节、压下量调节等没有按要求进行，导致板形未能得到有效改善，甚至更差。要求在使用不同的板形调节方法时必须根据来料板形的实际情况，选取不同的调节方法和工艺参数。

（3）辊系打滑。除带材表面产生擦划伤外，还可能影响机列张力的稳定控制，从而影响板形。解决方法为清辊、复核辊径录入是否准确、电气复核辊径是否被系统准确辨识、换辊。

（4）辊系技术指标不符合要求，如直径、凸度或锥度，导致拉伸矫直时辊系上不同位置带材所受的张力不均匀，不能有效控制板形。解决方法是磨床磨削S辊时必须按照规程进行磨削，将主要技术指标控制在标准范围内。

（5）弯曲矫直系统自身问题。如辊缝不准确，矫直机水平度存在问题，装辊质量不符合要求，弯曲矫直调节参数与显示不吻合等，会导致板形控制出现问题。解决方法是定期对弯曲矫直系统进行校正。

（6）来料问题。如来料板形很差，来料的规格、状态等超出了拉弯矫直允许的范围。解决方法是慢速生产，甚至重复拉弯矫直。

8.4 纵切

8.4.1 纵切机列概述

纵切机列的作用：适用于成卷薄金属带料的纵向剪切工作，并且将分切后的窄条重新卷绕成卷。

纵切机列的设备配置：常用纵切机组由上料小车、开卷机、送料装置、圆盘剪、穿带小车、活套坑、卸料小车、张力装置、卷取机等单机组成，如图8-34所示。

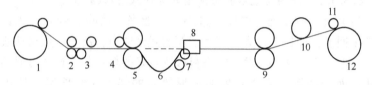

图 8-34　纵切机列配置简图

1—开卷机；2—夹送辊；3—入口张力辊及测速辊；4—展平辊；5—纵剪机；6—活套坑；

7—分离盘；8—穿带小车与张力垫及分离盘；9—出口张力装置；

10—出口偏导辊；11—压辊及分离盘；12—卷取机

8.4.2 圆盘剪

圆盘剪的作用：提供一种连续转动的剪切方式，使带材通过机列一个道次即可在转动剪切的作用下由单张剪成若干条。它是一个完整的机器，配有两根平行的旋转主轴，主轴上分别装有若干圆盘刀片，且圆盘刀片之间在竖直方向上和水平方向上有必要的间隔，为获得要求的竖直间隔，可以调节纵切机上的一根轴或多根轴，该机器组件由固定机座、可调牌坊、刀轴、圆盘刀片、传动装置等组成。圆盘剪用于分切带材，它是纵切机组中要求精度最高、对产品质量影响最大的关键设备，如图8-35所示。

圆盘剪按在纵切机组中是否独立存在可分为独立型和组合型，独立型圆盘剪在机组中是一台独立设备；组合型圆盘剪则是在机组中以一定的连接方式和机组中某些设备组合在一起，如圆盘剪装在卷取机压臂上的组合形式，圆盘剪装在卷取机中与卷取机的组合形式等。

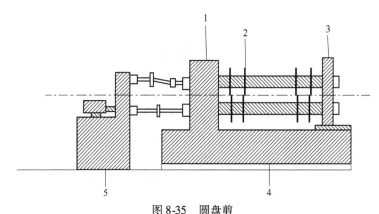

图 8-35 圆盘剪
1—固定牌坊；2—刀轴；3—可调牌坊；4—底座；5—传动装置

根据圆盘剪是否带动力装置，可将剪切机分为主动剪切型和被动剪切型。

根据圆盘剪剪切装置是否脱离机组配刀，可将圆盘剪分为在线配刀型和离线配刀型。

根据圆盘剪刀片重叠量大小的实现方式可将圆盘剪分为夹送辊型和偏心轴型。

不同形式的圆盘剪，其性能和用途各有不同，圆盘剪的选择除要考虑产品的材质、规格、质量外，还应考虑机组的布置形式、投资水平等因素，目前较为常用的是夹送辊型和偏心轴型。

8.4.2.1 夹送辊型圆盘剪

夹送辊型圆盘剪如图 8-36 所示。

夹送辊型圆盘剪主要由一个固定刀轴和一个移动刀轴组成，为保证圆盘剪速度和输出转矩的稳定，圆盘剪一般采用直流电机，对于主动式圆盘剪，一般有一个固定牌坊和一个可移动牌坊，配刀时将移动牌坊移出，脱开刀轴进行配刀，配刀完成后，牌坊再移进定位块位置及工作位置，此装置采用两个螺旋千斤顶实现移动刀轴上升下降，使移动刀轴达到较大的移动量。

移动刀轴一般设置在固定刀轴上方，由于轴和轴承座、螺杆与蜗轮螺母及蜗轮与蜗杆之间存在间隙，所以，当圆盘剪剪切带材时，带

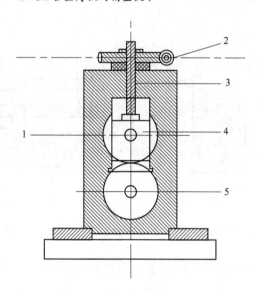

图 8-36　夹送辊型圆盘剪
1—上刀轴中心线；2—蜗轴；3—螺旋；
4—轴承座；5—下刀轴中心线

材的剪切抗力使刀轴上移，间隙消除。两个牌坊上的螺旋千斤顶传动
机构其间隙一般是不一致的，即刀轴剪切带材时刀轴两端向上移动量
不一致，圆盘剪在空载时，上、下刀轴都已调整平衡；圆盘剪负载
时，上刀轴移动量不一致，将导致上、下刀轴不平行，这将影响剪切
带材的质量，这是夹送辊型圆盘剪的不足。为了克服这一不足，有的
设计者将移动刀轴置于固定刀轴的下方，由于移动刀轴设计在下方机
构较为复杂，操作也不方便，所以，目前使用较为普遍的还是移动刀
轴设置在上方的夹送辊型圆盘剪。

　　刀轴在工作时保持上、下刀轴平行很重要。在上移动刀轴上施加
一个向上的载荷，在消除刀轴移动机构间隙的情况下，调整上移动刀
轴使上、下刀轴平行，这样调整后的刀轴在工作时是能相互保持平行
的，具体做法之一是，选用四片内外直径一致，同心度很好的刀片，
将其置于上、下刀轴两端同一位置，用手分别转动两个牌坊上的螺旋
千斤顶蜗杆，以手稍加用力，蜗杆不再转动为止，然后将连接两个螺

旋千斤顶的伸缩式万向接轴用螺钉或销子定位。由于考虑上刀轴的刚性，螺旋千斤顶一般选得较大，所以转动蜗杆时用力要适当，以消除传动机构工作时的间隙。这种方法的特点：一是简单可行，二是上刀轴调整的位置和实际工作位置非常接近，传动机构的制造误差对刀轴平行的影响很小，从而可以保证刀轴的使用要求。

8.4.2.2　偏心轴套型圆盘剪

偏心轴套型圆盘剪其刀片的重叠量是由牌坊中与刀轴套在一起的偏心套来实现的，偏心轴套型圆盘剪与夹送辊型圆盘剪相比，由于其接触面积较大，刚性有所提高，工作中刀轴的稳定性好，这是其优点之一。其缺点是由于偏心量有限，使刀片重叠量有限，所以刀片的修磨量较小，刀片的使用寿命较短、成本较高。另外，刀轴的平行度完全依靠偏心套的加工精度来保证，对偏心套加工精度要求很高。偏心轴圆盘剪有单刀偏心（图8-37）和双刀偏心（图8-38）两种。

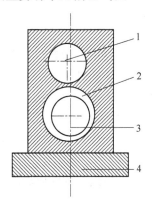

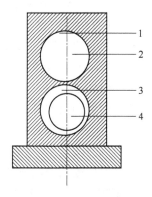

图 8-37　单偏心轴套型
1—上刀轴；2—偏心套；
3—下刀轴；4—底座

图 8-38　双偏心轴套型
1—上刀轴；2—上偏心套；
3—下刀轴；4—下偏心套

单偏心投资小，结构简单，其缺点是移动刀轴与固定刀轴中心在垂直方向不在一直线上，剪切带材时刀片对带材有弯曲作用，不利于带材剪切质量的提高，同时，随着刀片的修磨，带材通过线不能保持在同一高度上。夹送辊型圆盘剪也有同样缺点，双刀轴偏心是可以通过偏心距的调节，使两个刀轴中心线在垂直方向上处于同一直线，而且其带材通过线高度可保持不变，但双刀轴偏心结构投资较大，偏心轴套剪切机一般是主动剪切型。

8.4.3　剪切原理

8.4.3.1　剪切过程

金属的剪切过程可以分为以下几个阶段：刀片弹性压入金属阶段；刀片塑性压入金属阶段；金属塑性滑移阶段；金属内裂纹萌生和扩展阶段；金属内裂纹失稳扩展和断裂阶段。一般可粗略地分为两个阶段：金属塑性滑移阶段和金属断裂阶段，即剪切区和断裂区。

带材经过剪切区时，剪刀将带材边部剪切为光滑整齐的平面即剪切平面。随着刀片进刀量的不断增大，带材逐渐分离，当带材错开到一定位置时，带材将在刀片切应力的作用下发生撕裂，撕裂后在带材边部将出现不光滑的撕裂面即无光撕裂面。

8.4.3.2　单位剪切阻力曲线与剪切力

A　单位剪切阻力曲线

试验研究表明，剪切区域的应力分布是三维应力状态，然而工程应用时一般要求简单方便，所以只按一维剪切应力计算。

又因在剪切过程中，剩余的被剪金属面积不断减少，从而在这些面积上产生的剪切应力也在不断变化。为了做出每种金属抵抗剪切变形的能力估价，并使实验测试工作简易可行，所以建立单位剪切阻力或单位剪切抗力的概念。

将金属剪切过程中任一瞬时的剪切力 F，除以该试件原始断面面积 S，其商即为单位（面积）剪切阻力。

显然，单位剪切阻力并不是产生于被剪切金属剩余面积上的剪切应力。

将整个剪切过程中各瞬时的剪切阻力 τ，都分别与一个相对切入深度 ε 对应，它们的关系式 $\tau = f(\varepsilon)$ 被称为单位剪切阻力曲线。

每种金属的单位剪切阻力曲线，是剪切该金属时计算剪切力的主要依据。它除决定于被剪金属本身的性能外，还与剪切温度、剪切变形速度等因素有关。

图 8-39 表示了某些有色金属在常温下的单位剪切曲线。

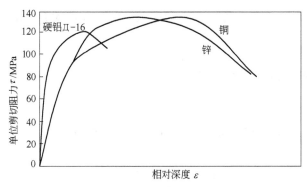

图 8-39 单位剪切阻力曲线

由图 8-39 可见，在剪切时，材料强度极限 σ_b 愈高，材料的剪切过程延续时间愈短，会很快地达到最大剪应力。剪切的延续过程可用材料在完全剪断时的相对切入深度 ε_0 来表示。ε_0 称为断裂时的相对切入深度，它表征了金属塑性的好坏。ε_0 值愈大，材料塑性越好，剪切时的剪切区越大。所以硬状态卷材易于剪切，而半硬状态卷材较难剪切，对于退火料一般不能剪切。

B 剪切力 P

最大剪切力要根据剪切材料的截面积尺寸来确定，即来料的厚度和宽度。剪切力 P 可按下式计算：

$$P = K\tau S$$

式中 S——被剪卷材的断面面积，mm^2；

τ——被剪卷材的单位剪切阻力，MPa；

K——考虑由于刀刃磨钝，刀片间隙增大而使剪切力提高的系数，通常为 1.4。

剪切时的最大剪切力可按下式计算：

$$P_{max} = 0.45K\sigma_{bt}S$$

式中 σ_{bt}——被剪卷材的强度极限，MPa。

载荷随材料强度极限的不同而变化，从图 8-40 我们可以看出，剪切面积

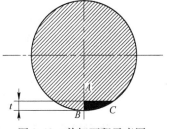

图 8-40 剪切面积示意图

t—带材厚度

F 近似可以认为是半弧形 ABC 的面积，剪刀直径越大，弧形 ABC 的面积越大，剪切力也越高。

8.4.4 切边料圆盘剪的装配

8.4.4.1 配刀的一般规则

配刀时主要要注意选用合适的刀具，刀具的表面一定要光滑。在配刀时有以下规则：

刀轴和隔离套上镗空要精确，到达与刀轴的正确配合，隔离套用来规定刀盘之间的距离，即为带条的要求宽度。

配刀前，首先要计算怎样剪最经济，废料最少，为了便于废料运输和方便操作，要明确设备的最小废边宽度。

窄隔离套布置在上刀轴上，宽隔离套布置在下刀轴上。

材料厚度和带材条数不得超过纵切机的额定范围。如果超过规定范围，刀轴要产生偏斜从而影响带材质量，超负荷还可能损伤轴承和刀轴。

8.4.4.2 配刀的水平间隙

A 配刀的水平间隙（如图 8-41 所示）

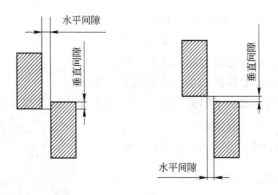

图 8-41 配刀间隙

某一特定材料的最佳刀片间隙一般靠经验来掌握，表 8-4 可以当作设定刀片间隙的参考。

表 8-4　水平间隙参考表

厚度/mm	间　隙	厚度/mm	间　隙
0.00~0.15	几乎为 0	3~6.5	材料厚度的 10%~12%
0.15~0.5	材料厚度的 6%~8%	6.5~9.5	材料厚度的 12%~13%
0.5~3	材料厚度的 8%~10%	9.5~16	材料厚度的 13%~14%

B　剪切边的识别

如图 8-42 所示，水平间隙适宜，切出的产品边部截面状况是：光滑平直的剪切面与无光撕裂平面界线平直，剪切面和无光撕裂平面的外边界线平直，且与材料表面平齐。

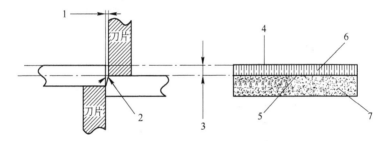

图 8-42　水平间隙适宜时的剪切边

1—理想刀片间隙；2—撕裂角（7°~12°）；3—进刀区；4—剪切表面；
5—分裂面；6—剪切平面；7—无光撕裂平面

如图 8-43 所示，水平间隙太小，切出的产品边部截面状况是：光滑平直的剪切面与无光撕裂平面界线弯曲，剪切面和无光撕裂平面

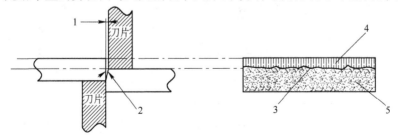

图 8-43　水平间隙过小时的剪切边

1—刀片间隙过小；2—撕裂角（7°~12°）；3—参差不齐的
分裂面；4—剪切面；5—无光撕裂平面

的外边界线平直且与材料表面平齐。此时剪切设备负荷大容易损伤刀片。

如图8-44所示水平间隙太大，切出的产品边部截面状况是：光滑平直的剪切面与无光撕裂平面界线弯曲，剪切面和无光撕裂平面的外边界线弯曲，无光撕裂平面边界产生毛刺。

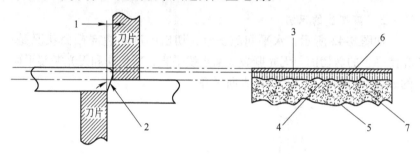

图8-44 水平间隙过大时的剪切边

1—刀片间隙过大；2—撕裂角（7°～12°）；3—轧制区；4—参差不齐的
分裂面；5—毛刺；6—剪切面；7—无光撕裂平面

8.4.4.3 配刀的垂直间隙

同样，刀片的垂直间隙也是通过实践经验获得的，表8-5可以当作设定刀片垂直间隙的大致规则。

表8-5 垂直间隙参考表

厚度/mm	间隙/mm	厚度/mm	间隙/mm
0.25～1.25	材料厚度的1/2	3.5	0.075
1.5	0.55	4	−0.025
2	0.425	4.5	−0.125
2.5	0.3	5	−0.225
3	0.175		

垂直间隙小容易产生刀印，加大设备负荷，加剧刀片磨损。垂直间隙太大不能正常剪切。

8.4.4.4 刀片宽度的选择

某些生产线提供几种不同厚度的刀片，在生产时，建议使用宽的刀片，因为它可以限制刀片的倾斜量，从而使剪切的带条更好更整齐。根据经验，刀片宽度大约为材料厚度的4倍。

8.4.4.5 切边料刀片间隙的调整

A 水平间隙的调整

水平间隙的调整示意图如图8-45所示。一般情况下切边料的配刀，上刀轴为外切（阴切），下刀轴为内切（阳切），配刀前上、下主隔离套之间相差一个标准刀片的厚度，在主隔离套和下刀轴上的相邻刀片之间插入垫片，获得要求的刀片间隙，然后装上隔离套，隔离套的宽度=带条的实际宽度−2×刀片厚度−2×要求的水平间隙。

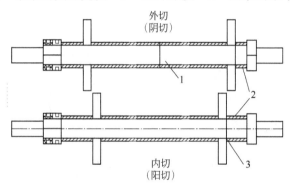

图8-45 水平间隙调整

1,3—垫片；2—主隔离套

例如：刀片厚度为20mm带材要求宽度为100mm，要求刀片间隙为0.05mm，那么

内切隔离套的长度=100−2×20−2×0.05=59.9mm。

B 垂直间隙的调整

刀片的垂直间隙是利用圆盘剪上垂直间隙调节装置进行调整的，旋动调节手柄，表盘上将显示出垂直间隙的大小，通常情况下表盘的精度并不高，垂直间隙的调整，一般以剪断带材为准。

8.4.4.6 分离环的装配

分离环按材质可以分为橡胶分离环（胶圈）和钢分离环两种，装配在隔离套外圈，起固定带材及建立剪切张力的作用。

橡胶分离环（图8-46）确切地说是聚氨基甲酸酯分离环，是目前带材纵切应用最为普遍的分离环，橡胶分离环装在隔离套上，在两个刀片装置之间，其最常用的调整方法是使阳分离环的直径与刀片直径相等，而使阴分离环的直径稍小于刀片直径，通常需要配备两三套分离环，以适应正常剪切中的厚度范围，修磨刀片时，必须修磨分离环才能达到良好的纵切质量，避免刀片划痕等，但超大尺寸工作的分离环可能使纵切刀轴和传动装置超载。

钢分离环（图 8-47）也用得很普遍，钢分离环特别适用于纵切软材料或窄条剪切。钢分离环的直径大于刀直径，采用若干对可在刀轴中心线上前后调整的从动辊定位。钢分离环投资较高，但工作寿命很长，维修量很小。钢分离环纵切性能很好，而且可降低刀片划痕。

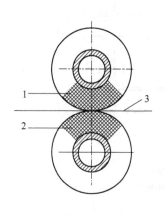 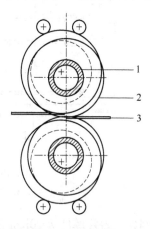

图 8-46   橡胶分离环   图 8-47   钢分离环

1—隔离套；2—刀片；3—带材   1，2—分离环；3—带材

刀片与刀片之间的空隙用橡胶分离环补充，环的内径等于隔离套的外径，橡胶环的外径与刀片的外径相等（阴分离环的磨削外径小于刀盘外径），分离环的直径太大将使带条背面出现刀痕，而且增加刀轴倾斜量，给剪切造成困难。剪切时应始终保持分离环与刀片对齐，剪切材料厚度在 2.5 ~ 3.75mm 时，可略高于刀片 0.5mm。分离环安装示意图如图 8-48 所示。

8.4.4.7   圆盘剪的固定

调整完成，装上所有的刀片和隔离套、分离环以后剪刀架上机，

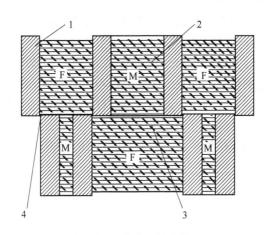

图 8-48 分离环的安装

F—外切（阴切）；M—内切（阳切）

1—刀片；2—分离环（胶圈）；3—分离环间隙；4—刀片重叠量

具体步骤如下：

（1）装配刀轴和最外层隔离套。

（2）插入隔离套，套上径向钻有一系列孔，安装液压螺母。

（3）转动活套上的刀轴直到靠紧挡板。

（4）拧紧液压螺母，并向液压螺母液压口内打黄油，直至刀隔离套和刀片不再移动为止。

（5）闭合纵剪轴调整刀片的垂直间隙，检查是否有由于调整不当或铝屑造成的黏滞现象，拧紧并打开锁紧机构，到达刀片可以进刀的程度，然后再锁定。

（6）固定圆盘剪后应检查液压螺母的涨圈是否退到位，螺母加压时，指针出来位置应在上、下刻度线之间，不能使下刻度线露出，并检查液压螺母的指针、加压螺钉等处是否漏油。

8.4.4.8 配刀质量的检查

检查两侧刀片的水平间隙，两侧刀片的间隙量应该是相同的，如果两侧的刀片间隙不相同，说明有污物或刀片和隔离套选择不当。

调整垂直间隙到要求的重合量，可以用试验带材穿过纵切机装置确保该装置的剪切能力达到工艺要求，对于极薄的带材，用扳手转动刀轴，对于稍厚的带材则需要传动使圆盘剪转动。为了检查配刀是否成功，需用实际宽度的带材，用窄的样品剪切，刀轴倾斜量不相同，不能达到检验的目的。注意，装配纵切剪刀时要用不同的刀片调试直到剪切产生的侧向压力消失，如果不这样，将会使轴承产生很大的推力，从而缩短轴承和刀片的使用寿命。

可配备各种规格的刀片，以获得最大使用寿命，在某些情况下，最好用一定的方法润滑刀片以减少磨损，延长寿命。

8.4.4.9　刀具管理规则

装配时检查刀片和隔离套是否有损坏，装卸时要十分小心，因为这些刀具都很硬，稍有不慎就会碎。将刀具按磨削要求分组存放，同一套的刀片放在一起不要混淆，必须保证在同一装置上使用的所有刀片的直径应完全一样。

建议制作专门存放刀具的架子或柜子，这些架子和柜子也可用于存放橡胶分离环，柜子或架子应衬有木质或其他软制材料，避免刀片或隔离套损坏，任何时候刀片都不能互相摩擦，如果不是每天都需用的刀具，建议在存放前涂上防锈油。

在此强调一点，纵切机的装配实际上就是刀具的装配，因此不应忽视刀具的存放和装备的重要性。

8.4.5　切边料的生产操作

8.4.5.1　生产前后的质量检查与控制

机列操作过程中的质量检查和控制包括机列操作开始时、操作正常时、操作完毕时的质量检查和控制。

机列操作开始时的质量检查和控制包括三个方面：一是原料、物料的检查。包括来料的工序流程是否正确、来料的外观是否存在问题，如边部是否有碰伤等；所需的物料，如套筒、纸芯等是否合格，满足使用要求，如要求外观光滑无凹凸不平，厚度均匀，端面整齐无起层，表面无凸起物、无裂纹、破损等。二是试剪时对产品质量的检查，包括在卷取处检查切边质量是否符合要求，边部是否有毛刺、扣边、荷叶边、胶圈印、刀印等边部质量问题，如有必须进行处理或更换圆盘剪或胶圈；检查带材宽度是否符合要求，如不符合要求必须进行调整；检查带材表面是否产生本机列的印痕、擦划伤，如有必要需找出相应位置并进行处理；检查喷油质量是否合格，如不合格或不符合要求必须进行处理。对于发现不合格的因素在处理后必须进行重新检查直至合格为止。三是检查来料的表面质量状况，是否存在不符合产品验收要求的缺陷，避免不符合要求的缺陷在本工序未发现而进入下工序，造成损失。

机列操作完毕时的质量检查和控制包括两个方面：一是降速或停车后的在线检查，包括表面质量和板形的检查，以便确定尾部废料量或是否需要倒卷复验板形或检查有无层间粘伤，为批量性的生产提供技术上的支持。二是卷卸下后进行剥卷复验，目的是仔细检查表面质量、板形质量。

8.4.5.2 生产中的参数设置

生产前工作人员应仔细阅读所生产品种的生产工艺，一般情况下切边料的生产采用的是张紧型生产方式。

在纵切生产中主要有以下因素是通过操作手控制。

A 换轴

根据产品的需要换所需的轴，纵剪轴一般有 $\phi200mm$、$\phi300mm$、$\phi400mm$、$\phi500mm$、$\phi610mm$。换轴时首先卸卷小车升降台升至最高，打开支撑臂，卸下卷轴。换轴完成后将新轴径输入电脑。

B 开卷及卷取张力

同种材料在相同状态下，卷取张力的选择主要依据材料的厚度和宽度，通常材料厚度和宽度减小，运行张力成正比减小，表 8-6 和表 8-7 为开卷和卷取张力的推荐值。

表8-6　开卷机张力推荐值

厚度范围/mm	推荐张力/MPa	厚度范围/mm	推荐张力/MPa
0.101 ~ 0.375	4.8	3.001 ~ 9.375	2.8
0.376 ~ 3.000	3.4	>9.375	2.8

表8-7 卷取机张力推荐值

厚度范围/mm	推荐张力/MPa	厚度范围/mm	推荐张力/MPa
0.101 ~ 0.375	12.4	3.001 ~ 9.375	6.9
0.376 ~ 3.000	9.0	>9.375	5.2

$$卷取张力 = 带材厚度 \times 宽度 \times 张力推荐值$$

由于在开卷和卷取过程中，卷径发生变化，机列张力也在发生改变，一般情况下机列将自行在生产过程中调节张力，以保持生产过程中张力的稳定。

当机列张力过小时，带材将发生波动造成控制不稳定，甚至导致测速信号差，机列速度发生变化以及卷取时有松层现象；而张力过大则会在板材表面出现横向波纹，分条时张力过大会造成边部损伤，带材在套筒上绷得太紧还易造成擦伤。在这种情况下操作手应及时改变机列张力，保证带材卷取质量。

C 圆盘剪转速

圆盘剪速度补偿用于调节圆盘剪的转速，当圆盘剪卷速低于开卷机转速时，机列头部张力明显不够，带材将在圆盘剪前发生堆积，严重影响切边质量，这时应手动提高补偿值，保证机列头部速度的一致。

D 辊缝调节

所有的辊子（特别是夹送辊）都会影响带材的运动，有的夹送辊是空转辊，有的辊子阻碍带材运动，有的辊子有动力装置拉动带材运动。

空转型夹送辊：不增加带材张力

牵引型夹送辊：增加出口带材的张力

驱动型夹送辊：减少出口带材的张力

生产时应保持各个辊子的平行度，一般的方法是用千斤顶调节辊缝，这样不但保证了平行度，而且还能很好地控制施加在带材上的压缩量。压缩量的大小随辊子类型的不同而异，一般情况下，空转辊施加给带材的压缩量最小，牵引辊施加给带材的压缩量最大。如0.24mm厚的材料，牵引型夹送辊辊缝（开口度）为0.06mm，带材压缩量为0.18mm，而空转型夹送辊辊缝为0.15mm，带材压缩量为

0.09mm。同种类型的辊子带材压缩量与辊子的表面硬度有关，辊子表面软，压缩量应适当增加。

E 废边卷取机

将废边缠在卷轴上压下压靠辊，刚开始废边机速度不能加至100%，等废边卷至一定量时（约为废边总卷径1/4）废边机速度可加至100%。由于废边卷取机工作时有较高的危险性，生产人员严禁靠近。退废料时生产人员抬起压靠辊，使用液压小推车将废料推出废边卷轴外，废料应按合金、废料等级分开存放，并在废料上注明标识。废料吊运走后，生产人员将废边卷取机附近零星铝屑打扫干净，保持机列卫生。

F 典型纵切机技术参数举例

以西南铝业（集团）有限责任公司1700mm纵切机列生产某合金状态为5052H19的产品为例，规格为(0.24～0.26)mm×(678.17～721.8)mm。

主要技术参数如下：

生产方式一：上、下刀架配满胶圈生产，低速挡，速度不大于190m/min，开卷张力80%～82%，刀架张力64%～66%。

生产方式二：下刀架配满胶圈生产，上刀架在距圆盘前10mm处配一个宽度为20mm的胶圈，低速挡，速度不大于190m/min，开卷张力100%。

8.4.6 分条料圆盘剪的装配

8.4.6.1 分条料的配刀

分条料的生产就是带材通过纵切刀轴后从宽度方向上分两条或多条的生产方式，分条料生产的纵切刀轴形式如图8-49所示。

在设定刀片间隙前应知道剪切材料的厚度，知道了厚度就可以确定所需刀片之间的水平间隙量。根据经验，水平间隙大约为金属厚度的5%～10%（见表8-8），该经验适用于标准厚度和标准材料，随着材料硬度和厚度的增大也可以改变，而且有时出现这样的情况：刀片的间隙相同，材料厚度一样，但剪切结果不一样，可能一个卷剪得好，而另外一个剪得不好，这可能是由于材料的状态不同造成的，因

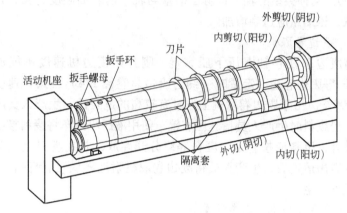

图 8-49 分条料的刀轴形式（未装配分离环）

此配刀必须区别对待每个卷材，在很多情况下同样的刀片设定适用于剪切多种类型或多种等级的材料，对于硬质材料的间隙应比标准材料大 1% ~2% 。

表 8-8 间隙给定表

材　料	状　态	间隙占厚度的比例/%
软态铝	O	5
半硬铝	H14/H16	9
	H12/H24/H34/H26	7 ~8
	H22	6
	H34	7 ~9
硬　铝	H18/H19	10

　　配刀前要根据产品的规格、厚度、状态测算间隙，根据规格算出刀轴两边的钢环长度，选好刀片，然后进行配刀。

　　先算出传动侧下刀间隙：厚度×状态的百分比（%）；再算出阴切环内间隙：厚度×状态的百分比(%)×2。

　　8.4.6.2　刀片间隙的调整

　　A　插入垫片增大刀片间隙，增加带材宽度的方法

　　当实际刀片厚度与标准厚度有差异时配刀中将产生刀片间隙，由

图 8-50 可以看出，刀片实际厚度 19.95mm，标准厚度 20mm 的刀片自动给出 0.05mm 的刀片间隙（若实际厚度与标准厚度相等，则自动给出间隙为 0mm），W 为带材成品宽度，若要增大刀片间隙，可以采用下述加垫片的方法，假设 A 为磨出的刀片原始间隙，B 为要求的刀片间隙，在带材宽度可改变的情况下，可以采用以下方法调整间隙（见图 8-51）。

在主隔离套和刀盘 2 之间加垫片，垫片厚度为 $(B-A)$

在隔离套 1 和刀片 4 之间插入垫片，其厚度为 $2(B-A)$

在隔离套 3 和刀片 6 之间插入垫片，其厚度为 $2(B-A)$

在隔离套 5 和刀片 8 之间插入垫片，其厚度为 $2(B-A)$

在隔离套 7 和刀片 10 之间插入垫片，其厚度为 $2(B-A)$

在隔离套 9 和刀片 12 之间插入垫片，其厚度为 $2(B-A)$

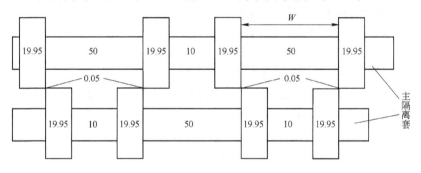

图 8-50　刀片自动给出的水平间隙

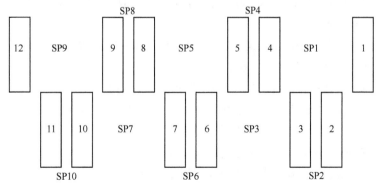

图 8-51　刀片水平间隙的调整

由上可知，这种方法的规则是：要求间隙减去最初的刀片间隙等于靠下隔离环的填隙量。例如：原始刀片间隙为 0.05mm，要求间隙为 0.1mm，则：

$$靠下主隔离套垫片厚度 = 0.1 - 0.05 = 0.05mm$$

$$每个大隔离套的垫片厚度 = 0.05 \times 2 = 0.1mm$$

这种方法调节刀片之间的间隙十分简单，便于操作，但是带材的成品宽度增加，增加量为增加的间隙量。

B 插入垫片增大刀片间隙，但不增加带材宽度的方法

A 表示原始刀间隙，B 表示要求的刀片间隙。

主隔离套和刀片 2 之间加垫片，垫片厚度为 $(B-A)$

减小隔离环 2 的尺寸 $2(B-A)$

减小隔离环 4 的尺寸 $2(B-A)$

减小隔离环 6 的尺寸 $2(B-A)$

减小隔离环 8 的尺寸 $2(B-A)$

减小隔离环 10 的尺寸 $2(B-A)$

即隔离套 2、4、6、8、10 等于相对应的带材宽度减去刀片的标准宽度，减去 2×下主隔离套和刀片之间增加的垫片厚度。例如：$A = 0.05mm$，$B =$ 要求的间隙 0.1mm。

则靠下主隔离套和 2 号刀片垫片厚度 $= 0.1 - 0.05 = 0.05mm$

2 号外隔离套 = 1 号隔离套 $- 2 \times$ 标准刀片$(20mm) - 2 \times (0.05mm)$

如果隔离套 1 = 50mm，刀片标准值为 20mm（实际值 19.95），则

隔离套 2 $= 50 - 2 \times 20 - 2 \times 0.05 = 50 - 40 - 0.1 = 9.9mm$

C 用加垫片的方法减小刀片间隙的方法

A 表示原始刀片间隙，B 表示要求的刀片间隙。

在主隔离套和刀片 1 之间放置垫片 $(A-B)$

在隔离套 1 和刀片 3 之间放置垫片 $2(A-B)$

在隔离套 3 和刀片 5 之间放置垫片 $2(A-B)$

在隔离套 5 和刀片 7 之间放置垫片 $2(A-B)$

在隔离套 8 和刀片 9 之间放置垫片 $2(A-B)$

在隔离套 10 和刀片 11 之间放置垫片 2($A - B$)

原则是：原始刀片间隙减去要求刀片间隙即为主隔离套的垫片规格，在每个窄隔离套需放置 2 × 垫片。例如：原始刀片间隙为 0.05mm，要求的间隙为 0.03mm，则

$$靠上主隔离套垫片厚度 = 0.05 - 0.03 = 0.02mm$$

$$靠每个窄隔离套垫片厚度 = 0.02 × 2 = 0.04mm$$

D 0 间隙刀片的调整（实际尺寸等于标准尺寸的刀片）

如果圆盘剪平配有标准宽度的刀片，且主隔离环与刀片的间隙为 0，按以下方法配刀：

通常，上刀轴上的第一次剪切称为外剪切，下刀轴上的第一次剪切称为内剪切，在主隔离套和刀片之间的下刀轴上的第一个刀片后面插入垫片可知道获得要求的刀片间隙，然后装上刀片和隔离套，隔离套的宽度等于带条的实际宽度 − 2 × 刀片厚度 − 2 × 要求的水平间隙（插入下刀轴第一个刀片后的垫片间隙）（见图 8-52）。例如：外剪切

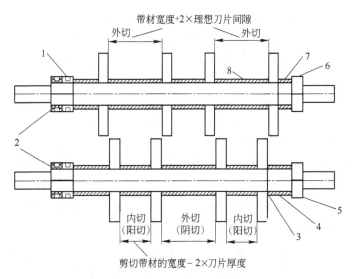

图 8-52　标准刀片间隙调整

1—扳手环；2—液压螺母；3—填至理想刀片间隙的垫片；4—主隔离套；

5—下刀轴轴肩；6—上刀轴轴肩；7—主隔离套；8—垫片

带条宽度为 50mm，那么内剪切需要的隔离套厚度等于 50mm − 2 × 刀片宽度 − 2 × 要求的刀片间隙，如果刀片厚为 20mm，间隙为 0.1mm，内剪切需要的隔离套就等于 9.8mm，而外剪切用的垫片厚度等于 2 × 要求间隙。

8.4.6.3 分条料的生产操作

由于带材板形的影响（如：波浪），剖条后的带材的长度发生变化，如边部波浪将造成边部带材较中部长，中部波浪将造成中部带材比两边长的结果，这给卷取带来了不便，由于这些原因的存在，在带材剖条时一般采用活套生产方式生产，活套生产方式将带材的卷取段独立出来，不受各条带材长度不一致的影响，能较好地保持各条带材卷取张力的一致性。

A 分离器的装配

分离器的作用是分离并导向纵切带材，为了防止带条相互缠绕，卷取机上装有悬臂式分离器或单独的大环形状的分离盘，这两种装置的装配方法是相同的。

最初的纵切生产线使用大分离盘，其优点是：正向分离带材，保证卷取时的边部整齐，单卷时分离盘的装配简单；其缺点是：分离盘常造成带材边部损伤，且噪声大。在卷取机上安装分离盘时，在卷轴上需要安装内径十字轴，并使十字轴平坦的一面面向卷轴的外侧。

为了安装的方便，一般事先需在卷轴上标记出中点，通常情况下，中点是由设备提供公司标定的，理论上说，第一个分离盘的位置应在距中点 1/2 带材宽度的地方，但由于卷取机处带材成喇叭状，所以必须把两侧的"喇叭"宽度计算在内，因此第一个隔离环的位置应是：

$$X = 1/2 \text{ 来料宽度} + 1/2 × \text{剪切带条数} × \text{分离器厚度}$$

带材分离如图 8-53 所示。

第一个带条的位置确定以后，将第一个分离盘从卷轴的上方放入其特定的位置，紧靠十字轴，然后把 1 号带条放入进钳口，插入带材时夹紧杆务必打开，而且带材必须深入到夹紧板底部，依靠第一个带条滑入第二个分离盘，以同样的方法放入第二个带条，直到所有带条被插入卷轴的钳口为止，而且每个带条必须由一个分离盘隔开，完成

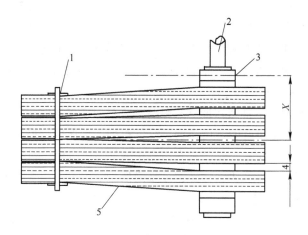

图 8-53　带材分离图

1—圆盘剪；2—卷取机；3—第一个隔离环中心线；4—分离环宽度；
5—带材；X—隔离环距中心线距离

后，闭合夹紧杆，胀大卷轴。

用上述方法装配时，这时卷轴上的十字轴务必紧固，保证在剪切时不会移动，如果十字轴松动，应用扳手拧紧使其不出现缝隙。

对于装有悬臂式分离器的卷取机，其分离器的装配情况与上面讲的大分离盘的装配情形相同，安装轴的时候，应注意在每个分离盘之间增加 0.030mm 的垫片，目的是增大空间以便于带材的放入。

悬臂式分离器的安装只需装配分离盘和隔离套，其方法和圆盘剪的装配相同，安装锥形分离盘时，在装置外侧使用端面分离盘，这些端面分离盘的外径要比其他分离盘大一些，且分离器不靠近卷轴。

悬臂式分离器的端头螺母上有一个凹口，通过该凹口不用拆卸整个装置即可进行分离器的横向调整，应注意，端头分离盘不会直接靠紧分离器的紧固螺母，而在分离盘和螺母之间有一个隔离套，分离盘和螺母之间的距离根据卷轴和悬臂式分离轴夹具的尺寸来确定，对于较短的分离装置，一般使用开口垫圈，而不用紧固螺母。

B　生产操作

分条料的生产中，操作手的操作与切边料生产大致相同，但由于分条后，带材数量增加，生产中的控制相对切边料要求较高。

穿带结束后在活套中贮存带材。活套将机列分为两个部分：一部分为机列头部、开卷机、圆盘剪；另一部分为机列尾部、张力装置、卷取机，点动头部连动，活套中贮存带材，当带材达到活套深度约 2/3 处时，头部连动停止。

在生产中由于机列和带材的影响，活套深度将发生变化，当带材在活套中的深度下降时，可以通过降低机列头部速度、提高机列尾部速度来升高带材深度；当带材在活套中的深度上升时，可以通过提高机列尾部速度。降低机列头部速度来降低带材深度。很多机列在工作中采用活套补偿值来调节活套深度，活套补偿值一般在 -10% ~ +10% 之间，当带材在活套中的位置发生变化时，增加（减少）活套补偿值，将提高（降低）机列头部速度，使活套中带材位置上升（下降）。

主操作手开机前要检查各个按键是否按到位，开机时开卷张力选择 20%、速度选择 50m/min 起车，如张力过大、速度为零，带材会发生倒退导致胶带拉断。起车刚走 2m 的同时张力应立即加到产品需要的张力，以防止内圈卷松；起车后速度不宜增加太快，否则内圈容易造成错层；机列运行稳定后，副操作手打升速手势给主操作手，然后退出卷取区域，到切边机确认剪切质量并报告给主操作手（如剪切质量不合格，主操作手应进行调整重叠量直到合格为止）。机器在运行过程中，主操作手要密切关注各电机的负载。

开卷、展平辊、刀轴负载在 20% ~40% 之间，刀轴处的负载不能低于 10% 以下否则会褶皱，若刀轴负载过低、展平辊负载过高时，应调高圆盘剪速度补偿值；若刀轴负载高，展平辊的负载低时，应调低圆盘剪速度补偿值。

8.5　横切

8.5.1　横切设备概述

横切机列的作用：将卷材切成长度、宽度和对角线尺寸精确、毛边少的板片，并将板片堆垛整齐，无边部和表面损伤。

　　横切机列的设备配置：横切机列要达到其作用必须配置开卷机、切边剪、矫直机、对中装置、飞剪、废边缠绕装置或碎边装置、运输皮带以及垛板台等设备。图8-54是横切机列配置简图。

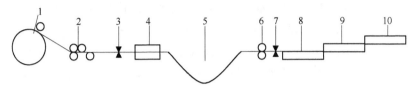

图8-54　横切机列配置简图
1—开卷机；2—夹送辊与张紧辊；3—圆盘剪；4—矫直机；5—活套坑；
6—测速辊和夹送辊；7—飞剪或剪刀；8—检查平台；
9，10—运输皮带和垛板台

　　图中机列配置为一般配置，不同的生产厂根据生产的需要增减设置，如增加清洗装置、衬纸机以及涂油机等；矫直机从三辊到二十九辊辊数不一，辊径差异较大。垛片分为气垫式、机械式和吸盘式。

8.5.2　横切机列的操作

8.5.2.1　横切矫直机的调节

　　根据矫直机工作辊数量分为三辊矫直机、五辊矫直机、九辊矫直机、十三辊矫直机、十七辊矫直机、二十三辊矫直机、二十九辊矫直机等。

　　根据矫直机结构分为二重矫直机、四重矫直机、六重矫直机等。二重矫直机只有上、下两组工作辊，四重矫直机上、下各有一组支撑辊和工作辊，六重矫直机在四重矫直机的基础上上、下各增加一组中间辊。

　　工作前要检查设备、运输、润滑、清洁等情况，矫直辊上不准有金属屑和其他脏物。如发现板片粘铝及其他脏物时，必须用清辊器将辊子清理干净。如矫直辊有问题时，应通知钳工处理。

　　上辊与下辊一定要调平，矫直辊长度方向不准许倾斜。

　　将矫直机的上辊调整一定角度，使进口的上、下辊间隙小于出口的上、下辊间隙，而出口的间隙应等于板片的实际厚度或大于板片的实际厚度 0.5~1.0mm。

　　矫直机的总压下量：矫直机的压下量应根据板片厚度调整，一般参考表8-9 的规定调整压下量，二十三辊矫直机工作辊及支撑辊总的压下量极限不超过 -8.5mm（包括板片厚度），其中矫直机两边两组支撑辊最大压下量不超过 -2.0mm，其他各组支撑辊不超过 -3.0mm。二十九辊矫直机工作辊及支撑辊总的压下量不得超过 -4.5mm，其中矫直机两边两组支撑辊最大压下量不超过 -2.0mm，其他各组支撑辊不超过 -3.0mm。

　　在某些特殊情况时，矫直机的进口与出口压下量变化很大，要根据来料的波浪和合金的屈服强度实际确定。

表8-9　压下量调整参考表

设备名称	板片厚度/mm	压下量/mm	
		入　口	出　口
十七辊粗平机	0.5~2.5	-4.0~6.0	
	2.6~4.5	-2.0~4.0	
十七辊精平机	1.0~1.5	-0.5~-7.0	
	1.6~2.5	-4.0~-6.0	
	2.6~4.5	-3.0~-5.0	等于板片厚度或大于板片厚度 0.5~1.0mm
二十三辊精平机	0.8~1.2	-5.0~-7.0	
	1.5~1.8	-4.0~-5.0	
	2.0~2.2	-3.0~-4.0	
二十九辊精平机	0.5~1.0	-2.0~-3.0	
	1.1~1.5	-1.5~-2.5	

　　注：总压下量系指上、下两组工作辊工作面的距离。其中包括三部分：工作辊压下量、支撑辊压下量和板片的厚度。

8.5.2.2　板片进入矫直机应符合下列要求

（1）板片不得有折角、折边，否则必须用木锤打平。

（2）板片上不允许有金属屑、硝石粉或其他脏物。

（3）在精平机前板片表面不允许有鲜明的油迹。

（4）板片在进入矫直机时，一定要对准中心线，不许歪斜。

（5）板片不允许互相重叠通过矫直机，不许同时矫直两张板片。

（6）当发现板片有粘铝或印痕时，必须立即进行清辊。

（7）如果发生板片缠辊或卡在工作辊与支撑辊之间时，不许强行通过，应立即停车，将辊抬起后，再向后退回板片，或找钳工处理。

（8）当板片从矫直机退回时，必须将矫直机抬起后方可进行。

（9）停止生产时，支撑辊一定要抬起，不允许给工作辊加压。

8.5.3 表面处理

8.5.3.1 涂油处理

为了避免铝材在运输、贮存中发生腐蚀现象，需对铝材表面进行涂油处理。

A 防锈油的种类

一般常用的防锈油有 FA101 防锈油和 7005 防锈油。防锈油在使用时应根据产品特点及气温适当调整其使用黏度。为了避免防锈油对铝材表面产生腐蚀，要求防锈油的含水率应小于等于 0.03%。

B 涂油方法

a 手工涂油方法

用软质材料（如毛刷、泡沫等）将油直接涂刷在铝材表面。此方法涂油量不均匀，油易被毛刷污染，一般只适用于板材的单面涂油。

b 浸透法

将油装入带有加热装置的槽内，然后将铝材浸入油中，浸透后取出滴干。此方法涂油量多，油易被铝屑污染，一般适用于管、棒、型材的涂油。

c 辊涂法

辊涂设备简单，但涂油量不均匀，涂油量的多少不易控制，特别是要求涂油少时更不易控制。该方法一般适用于带材表面的涂油。其示意图如图 8-55 所示。

8.5.3.2 贴膜处理

为了防止铝材表面在加工、运输、贮存及使用过程中被划伤、污

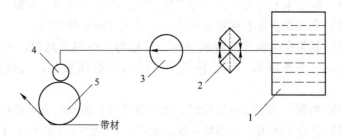

图 8-55 辊涂结构示意图

1—带有加热装置的油箱；2—过滤器；3—油泵；4—间距为 10mm、
孔径为 1.5 ~ 2.0mm 小孔的钢管；5—加工有螺纹的聚氨酯辊

染及腐蚀等，需对铝材表面贴保护膜处理。

A 手工贴膜

将膜直接贴在铝材表面，然后用手或辊子将膜展平，该方法贴的膜易起皱，不平整，且生产效率低，适用于板材、型材表面贴膜。

B 机械贴膜

将膜安装在支撑辊上，用压辊将膜贴在铝材表面，该方法贴膜平整，生产效率高，适用于带材、板材表面贴膜。其示意图如图 8-56 所示。

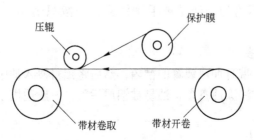

图 8-56 机械贴膜示意图

8.5.3.3 垫纸（或其他缓冲材料）

A 手工垫纸

将纸垫在铝材与铝材的接触面，该方法生产效率低，垫纸效果差，适用于板材、型材表面垫纸。

B　机械垫纸

将纸卷安装在支撑辊上，用压辊将纸贴在铝材表面，该方法垫纸平整，生产效率高，适用于带材、板材表面垫纸。其示意图如图8-57所示。

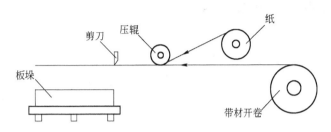

图 8-57　机械垫纸示意图

8.6　包装

8.6.1　包装的分类与特点

按包装材料分：纸包装、塑料包装、金属包装、木包装、纤维制品包装、人工合成材料包装等。

按产品的形状分：板材包装、带材包装。

按包装层次分：内包装、中包装、外包装。

按运输工具分：铁路运输包装、公路运输包装、船舶运输包装、航空运输包装。

按目的、用途分：国内包装、出口包装、特殊包装。其中出口包装要适应进口国的国情、气候、风俗、习惯及检验检疫要求等。

按包装技术分：防潮、防水包装，缓冲防震包装，拉伸、收缩包装，贴膜包装等。

8.6.2　包装方式与材料的选择

8.6.2.1　板材包装方式

A　下扣式包装

包装时，首先在包装箱底座上铺一层塑料薄膜，一层中性（弱酸性）防潮纸或其他防潮材料（塑料薄膜、防潮纸的大小应能包住整垛板材），然后装入板材，装好后，再将已铺好的包装材料向上规则包好，接头处用胶带密封好，然后沿板垛纵（横）向用钢带或塑钢带将板垛与底座打捆在一起（板垛与钢带接触处须加垫保护角），最后盖上箱盖用钢带捆紧，如图8-58所示。

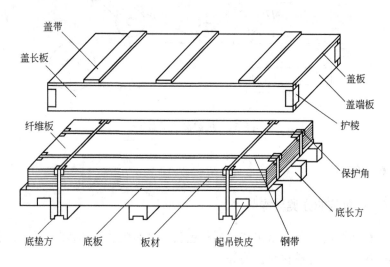

图8-58 下扣式包装结构示意图

B 普通箱式包装

包装时，首先在包装箱底铺一层塑料薄膜，一层中性（弱酸性）防潮纸或其他防潮材料（塑料薄膜、防潮纸的大小应能包住整垛板材），然后装入板材，装好后，再将已铺好的包装材料向上规则包好，接头处用胶带密封好，然后盖上箱盖，用钢带捆紧，如图8-59所示。

C 夹板式包装

包装时，首先在包装箱底板上铺一层塑料薄膜，一层中性（弱酸性）防潮纸或其他防潮材料（塑料薄膜、防潮纸的大小应能包住整垛板材），然后装入板材，装好后，再将已铺好的包装材料向上规则包好，接头处用胶带密封好，盖上顶盖，再在板垛四周包上纸角后用钢带捆紧，如图8-60所示。

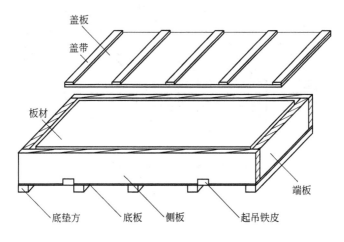

图 8-59 普通箱式包装结构示意图

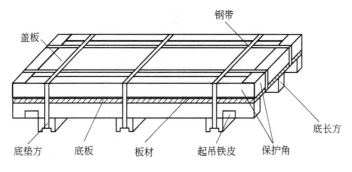

图 8-60 夹板式包装结构示意图

D 简易式包装

包装时，在板材外包一层中性（弱酸性）防潮纸或其他防潮材料，一层塑料薄膜，封口后放在底垫方上，然后用钢带捆紧，如图 8-61 所示。

8.6.2.2 带材包装方式

A 立式普通箱式

包装时，在带材外包一层中性（弱酸性）防潮纸或其他防潮材料、一层塑料薄膜，在卷芯内放入干燥剂后，用胶带将塑料薄膜封口

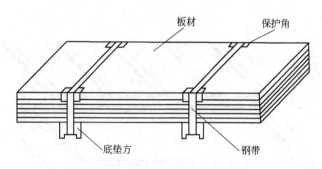

图 8-61 简易式包装结构示意图

后，将带材立式装入包装箱内，也可多卷重叠后按上述要求装入包装箱内，加盖用钢带打捆封箱，如图 8-62 所示。

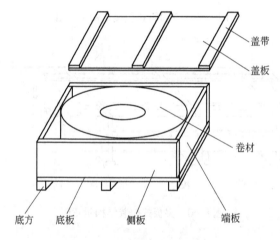

图 8-62 立式普通箱式包装结构示意图

B 立式下扣式

包装时，在带材外包一层中性（弱酸性）防潮纸或其他防潮材料、一层塑料薄膜，卷芯内放入干燥剂后，用胶带将塑料薄膜封口，将带材立式放在包装底托板上，也可多卷重叠后按上述要求放在包装底托板上，然后加盖用钢带打捆封箱，如图 8-63 所示。

C 卧式下扣式

包装时，在带材外包一层中性（弱酸性）防潮纸或其他防潮材

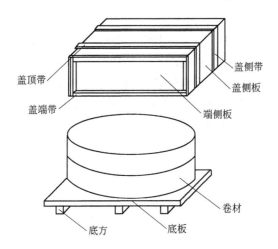

图 8-63 立式下扣式包装结构示意图

料、一层塑料薄膜，卷芯内放入干燥剂后，用胶带将塑料薄膜封口，将带材卧式放在包装底托板上，也可多卷重叠后按上述要求放在包装底托板上，然后加盖用钢带打捆封箱，如图 8-64 所示。

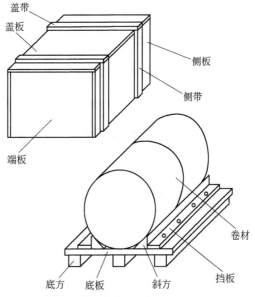

图 8-64 卧式下扣式包装结构示意图

D 卧式"井"字架式

包装时，在带材外包一层中性（弱酸性）防潮纸或其他防潮材料、一层塑料薄膜，卷芯内放入干燥剂后，用胶带将塑料薄膜封口后，最外面用硬纸板（纤维板）包覆，然后用钢带或塑钢带将带材固定在卧式"井"字架上，或多卷串联后按上述要求固定在卧式"井"字架上，如图8-65所示。

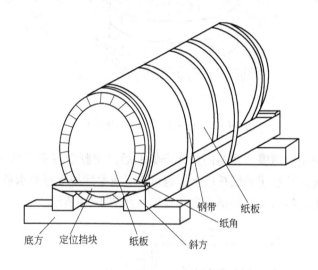

图 8-65 卧式"井"字架式包装结构示意图

E 立式托盘式

立式托盘式包装时，在带材外包一层中性（弱酸性）防潮纸、一层塑料薄膜，卷芯内放入干燥剂后，用胶带将塑料薄膜封口后，最外面用硬纸板（纤维板）包覆，然后用钢带将带材立式固定在托盘上或多卷串联后按上述要求立式固定在托盘上，如图8-66所示。

F 简易式

包装时，在带材外包一层中性（弱酸性）防潮纸、一层塑料薄膜后用钢带固定在"井"字架或立式托盘上。

G 裸件式

将带材固定在托盘或固定架上，不附加任何保护材料。

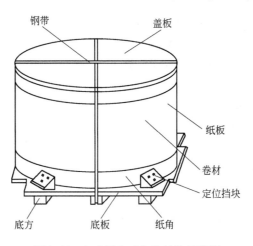

图 8-66 立式托盘式包装结构示意图

8.6.3 卷材自动包装机列

8.6.3.1 机列线组成

步进梁运输机、可移动卷材鞍座、鞍座托辊台、半自动缠塑机、卷材称重装置、半自动打捆机、翻卷机、配有称重装置的辊道、旋转辊道，如图 8-67 所示。

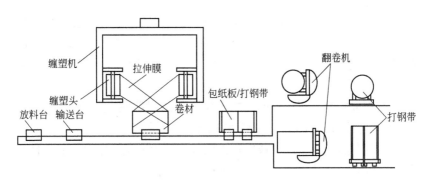

图 8-67 卷材自动包装机列示意图

8.6.3.2 主要技术参数（以西南铝业集团冷轧厂设备为例）

卷材外径：最大：1900mm；最小：800mm

卷材内径：305/405/505/605mm

卷材重量：最大：10000kg

卷材宽度：最大：1660mm；最小：600mm

卷材厚度：0.15～3.5mm

最大生产能力：8 卷/h

薄膜厚度：50μm

薄膜预拉伸度：80%

薄膜拉伸辊直径：最大：360mm

宽度：350mm

卷材表面上薄膜的搭接宽度：25%

旋转速度：18r/min

缠绕圈数：40

卷材温度：最高：50℃

8.7 标志、运输、贮存

8.7.1 标志

8.7.1.1 包装箱标志

在包装好的每个包装箱（件）上，贴（挂）上 1～2 个箱牌或标签。箱牌或标签应注明以下内容：到站，收货单位名称及代号，产品名称，批号，合金牌号及状态代号，规格（或型号），重量（净重、毛重），包装件数，产品标准编号，发站，包装时间。

每个包装箱上还应有明显的不易脱落的"防潮"、"小心轻放"、"向上"等字样及标志，其图案如图 8-68 所示。

出口产品包装箱还应按中华人民共和国出入境检验检疫局文件要求，加施除害处理标识，其图案如图 8-69 所示。

8.7.1.2 产品标志

在产品上直接打（喷）印标记或贴上标牌，打印或标牌的内容如下：牌号及状态代号，规格（或型号），批号，数量（件数或净重），产品标准编号，检验印记，生产日期。

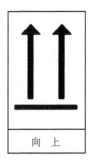

图 8-68 包装标志

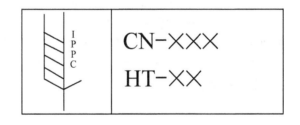

图 8-69 检验检疫标识

IPPC—检验检疫标识；CN—中国标识；×××—企业标识；

HT—热处理标识；××—地区标识

8.7.2 装卸

当采用天车装卸时，首先应检查钢丝绳的承载重量必须大于所吊产品的毛重（即产品净重＋包装箱重量），然后将钢丝绳挂在包装箱的起吊位置，挂稳后才能指挥天车缓慢启动。

当采用叉车装卸时，首先应检查叉车的允许承载重量必须大于所叉铝材的毛重（即产品净重＋包装箱重量），然后用叉车将铝材平稳地叉起，叉稳后才能缓慢启动叉车运行。

8.7.3 运输

产品可用火车、汽车、轮船、飞机等交通工具进行运输。要求装运产品的火车车厢、汽车车厢、轮船船舱和集装箱应清洁、干燥、无污染物。

当采用敞车运输时，必须盖好篷布，以保证包装箱不被雨水浸入。粉材的运输应符合国家有关易燃易爆危险品运输的规定。

产品在车站、码头中转时，应堆放在库房内。短暂露天堆放时，必须用篷布盖好，下面要用木方垫好，垫高不小于100mm。

8.7.4　贮存

产品应保管在清洁、干燥、无腐蚀性气氛、无雨雪浸入的库房内。若遭雨水浸入，应立即开箱并进行防腐处理，以防止产品腐蚀。需长期贮存时，未涂油的产品应涂油，涂油产品超过防腐期应重新涂油。产品不能露天存放，必须短暂露天存放时，用篷布盖好。产品不允许直接放在地面上，下面用高度不小于100mm的木方垫好。

贮存时，原则上同规格、同品种的包装箱应堆放在一起，不允许大箱压小箱，重箱压轻箱。

9 铝合金冷板带材的质量控制与主要缺陷分析

9.1 概述

质量是一个广义的概念，既指产品质量，又指某个活动、过程和体系的质量。质量是产品的保障，是企业的生命。

为达到质量要求所采取的作业技术和活动称为质量控制。这就是说，质量控制是通过监视质量形成过程，消除质量环节上所有阶段内不合格或不满意效果的因素，以达到质量要求，获取经济效益，而采用的各种质量作业技术和活动。质量管理是在质量管理体系基础上进行的一系列管理活动。在企业领域，质量控制活动主要是企业内部的生产现场管理，它与有无合同无关，是指为达到和保持质量而进行控制的技术措施和管理措施方面的活动。

9.1.1 质量管理体系

目前，国际上通用的质量管理体系是 ISO9000 族。对质量管理体系的定义是：建立质量方针和质量目标并实现这些目标的体系。

质量管理体系的作用有两点：一是建立质量方针和质量目标；二是通过一系列活动来实现质量方针和目标，这些活动主要是质量策划、质量控制、质量保证及质量改进。

9.1.2 质量保证体系

质量管理是伴随着整个社会生产发展的客观需要而发展的。人类社会自开始有生产实践活动后，就有了质量管理问题。质量管理大体经历了检验质量管理、统计质量管理和全面质量管理三个阶段。

9.1.2.1 现场质量管理

现场质量管理从狭义角度讲是指对生产第一线的管理，从原料的进入到成品入库的所有实现产品质量的生产场所称为现场。现场质量管理的目的是实现产品规定的要求。现场质量管理主要包括过程质量控制、生产要素控制、质量信息反馈控制和不合格品控制四方面。

A　过程质量控制

生产过程质量控制是对产品的整个生产流程质量进行控制，全面监督产品是否按原定设计方案生产，产品是否满足规定的质量要求。

B　生产要素控制

生产要素的稳定性直接影响产品的质量，生产要素控制实质上是对影响产品质量的所有因素，包括设备、人员、原材料及工艺参数等进行控制，实现要素的稳定性。

C　质量信息反馈控制

质量信息反馈的建立是为了在生产现场内实现质量信息快速有效传递和及时处理，保证质量体系的正常有序运行。其要求形成从发现、处理到效果确认的闭环反馈机制，可对已发生或潜在的质量问题进行快速处理。

D　不合格品控制

对经检验、试验判定为不合格品须做好标识、记录、评价、隔离、处理和通报。

9.1.2.2　PDCA 循环

PDCA 循环是质量改进和其他质量管理工作都应遵循的科学工作方法。质量改进是致力于提高产品、过程和体系的有效性和效率。全面质量管理要求企业根据顾客及其他相关需求不断开展质量改进活动，增强企业及产品的竞争力。

PDCA 循环包括遵循计划（plan）、执行（do）、检查（check）、行动（act）四个阶段。

9.1.2.3　冷轧质量控制

冷轧是指在再结晶温度以下的轧制，通常生产热处理不可强化的铝及铝合金产品。由于铝及铝合金冷轧产品广泛应用于日常生产生活中，所以铝及铝合金冷轧产品对表面质量、力学性能及尺寸精度都有较高的要求。

表面质量控制方面，以 CTP 生产控制为代表。目前广泛用于印刷行业的 CTP 用铝基材，要求铝材表面近乎于零缺陷。CTP 用铝基材代表当今铝加工表面质量控制的最高水平；阳极氧化产品对铝基材表面及隐性缺陷均有严格要求，其验收尺度基本与 CTP 卷相当。

尺寸精度方面主要以制罐料的厚度控制及拉环料的宽度控制为代表。目前，大部分用户要求制罐料的厚度精度波动在 ±3μm 以内，个别用户已要求厚度精度波动能控制在 ±2μm 以内；拉环料要求宽度控制在 ±0.1mm 以内。

部分用于深冲的产品对力学性能要求较为严格，其他民用产品对性能要求相对宽松，一般允许范围较大。双零箔用冷轧铝基材坯料及制罐料对组织的取向及性能均有严格要求。

9.2 冷轧产品表面质量控制

冷轧加工特点决定其表面质量远远高于热轧表面质量。冷轧表面质量控制一方面需要控制产品表面光洁度；另一方面也需要对产品表面缺陷进行控制，其中表面缺陷控制又可分为表观缺陷控制和隐性缺陷控制两方面。

9.2.1 表面光洁度控制

产品表面光洁程度直接影响产品外观的美观性，通常情况下产品表面光洁度指的是产品表面粗糙度。表面粗糙度是指加工表面具有的微小间距和峰谷不平度；其两波峰或两波谷之间的距离（波距）很小（在 1μm 以下），用肉眼是难以区别的，因此它属于微观几何形状误差。表面粗糙度越小，则表面越光滑。目前，我们主要采用轮廓算术平均偏差（R_a）和微观不平度（R_z）两个指标来衡量，而 R_a 是最主要的评定参数。

产品表面粗糙度受轧辊表面粗糙的影响，控制产品表面粗糙度实质上是控制轧辊磨削粗糙度。同一对轧辊随着通过量的增加，辊面粗糙度逐渐减小，当通过量达到一定时，辊面粗糙度不再减小，稳定在一定的范围内。根据用户的使用特点，一般将热精轧粗糙度控制在 1.0μm 内，将冷轧粗糙度控制在 0.5μm 内，既能获得良好的表面光洁度，又能保证较高的轧制效率。

9.2.2 表面缺陷控制

冷轧铝合金系产品表面硬度相对较低，在轧制、拉矫、分切及包装时，表面均可能被损伤，在一定程度上会影响用户的使用，严重时导致产品直接报废。受铝合金带材加工特点的制约，目前我们还不能生产出绝对的零缺陷产品，只能是在满足用户使用需求的范围内，不断提高产品表面质量。

9.2.2.1 冷轧表观缺陷控制

表观缺陷控制主要根据产生位置分为两类：一是辊缝内的表面质量控制；二是辊缝外的表面质量控制。

A 辊缝内的表面质量控制

轧辊、轧件及润滑介质构成轧制三要素，在轧制过程中相互影响，共同制约产品表面质量。所以在轧制时重点注意以下内容：

（1）合理设置轧制工艺参数及合理分配道次压下率，保证各道次轧制压下均衡，防止带材表面粘铝，通常情况下各道次压下率不应超过60%，随着变形抗力的增加，道次压下率应逐渐减小。

（2）采用较低黏度的基础油，合理调配添加剂比例，严格控制卷材开卷温度、轧制油温度及流量，保证油膜强度、良好的润滑及冷却效果。

（3）选择合适的轧辊粗糙度。

B 辊缝外的表面质量控制

辊缝外的表面质量缺陷主要因辊系与带材不同步，辊系及环境不清洁，开卷、卷取张力设置不当等引起，所以在生产中应保证：

（1）辊系运转灵活、无卡阻、无变形，防止擦、划伤缺陷产生。

（2）保证各开卷、卷取张力的匹配性，防止层间损伤。

（3）做到清洁生产，杜绝印痕缺陷的产生。

9.2.2.2 隐性缺陷控制

具有隐性缺陷的冷轧基材经用户碱蚀洗或阳极氧化后，褪去了表面的氧化层，暴露出基体内在的缺陷，主要有表面条纹、黑条及小黑点等。由于此类缺陷具有隐蔽性，会给用户使用造成更大负面影响。隐性缺陷缺乏表观缺陷的直观性，生产控制难度大，这就要求铝加工企业生产要素高度稳定、生产工艺非常完善。

相对冷轧而言，隐性缺陷在熔铸工序及热轧工序产生的可能性更大，所以必须从铸锭开始控制。

（1）铸造过程中严格控制铸锭的晶粒度，最大程度减薄铸锭表面粗晶层，减少光晶等粗大晶粒的产生。

（2）铣面时应铣尽表面粗晶层，同时需要注意铣刀对铸锭表面的二次损伤。

（3）热轧时保证合理的加热温度，合理的压下分配，减少轧辊粘铝性损伤；合理控制乳液的理化指标，保证良好的吹扫效果，减少乳液在板面的残留及烧结。

9.3　厚度控制

冷轧带材不仅要求厚度精确、同板差小，且不同批次的厚度也要非常稳定。要控制好冷轧厚度，必须要控制好以下几个要素：

（1）厚控系统精度足够高，并做好日常维护，确保其工作正常。

（2）要有足够高精度的厚度标准块，定期对测量仪进行标定，对厚度补偿曲线进行修正。

（3）保证足够的辊系尺寸精度，并有严格的管理规范。

（4）控制好来料厚差，并要通过足够的轧制道次修正来料厚差。

（5）要有正确的操作规范，特别是严格控制升减速长度以及轧制过程中轧制参数的稳定性。

9.4　板形质量控制

板形质量控制可分为冷轧板形控制和精整板形控制。随着用户要求的提高，经轧制后的绝大部分带材需经精整板形矫正后才能满足用户需求。

9.4.1　冷轧产品板形控制

根据轧制原理，板形控制的实质在于控制辊缝的形状。控制辊缝形状的目的在于：一是尽可能使辊缝形状与坯料横截面形状一致；二是尽可能减少或克服轧制过程中轧辊的有害变形；三是确保轧出板形与目标板形一致。

出现板形不良的根本原因是轧件（坯料截面平直）在轧制过程中使轧辊产生了有害变形，致使辊缝形状不平直，导致轧件纵向上延伸不均，从而产生波浪。因此板形控制的实质就是如何减少和克服这种有害变形。要减少和克服这种有害变形需要从两方面解决：一是从设备配置方面包括板形控制手段和增加轧机刚度；二是从工艺措施方面。板形控制手段方面，现在已普遍采用的有弯辊控制技术、倾辊控制技术和分段冷却控制技术；其他已开发成熟的板形控制手段还有抽辊技术（HC 系列轧机）、涨辊技术（VC 和 IC 系列轧机）、交叉辊技术（PC 轧机）、曲面辊技术（CVC、UPC 轧机）和 NIPCO 技术等；另外，增加轧机刚度也可使板形得到有效控制，如由二辊轧机发展为四辊或六辊轧机等。工艺措施方面包括轧辊原始凸度的给定，变形量与道次合理分配等。

9.4.2　精整板形质量控制

板带材成品剪切前后，通常都需要矫平，其目的是消除板形不良，提高平直度，改善产品性能或便于后续加工。

拉伸弯曲矫直是使用得最多的一种矫直方式，是在辊式矫直及拉伸矫直的基础上发展起来的一种先进的矫直方法。拉伸弯曲矫直原理是被矫带材通过连续拉伸弯曲矫直机时，受张力辊形成的拉力和弯曲辊形成的弯曲应力所叠加的合成应力作用，使带材产生一定塑性变形，消除残余内应力，改变不均匀变形状态从而达到矫平板形的目的。此方法需根据矫直前后的板形质量状况给定合理的伸长率及矫直机构压下量。

9.5　产品力学性能控制

材料的力学性能是指材料在不同环境（温度、介质）下，承受不同外加载荷（拉伸、压缩、弯曲、扭转、冲击、交变应力等）时所表现出的力学特征。冷轧产品可以根据用户要求调整其常温力学性能，这是冷轧产品的一大优势。产品力学性能主要从四方面进行控制：一是控制热轧产品性能及组织；二是设计不同的冷变形量；三是制定合适的热处理工艺；四是具备稳定的热处理设备。其中通过控制热轧终了组织及性能，简化冷轧工艺，提高冷轧产品性能是今后工艺研究的重要内容之一。

9.6　铝及铝合金冷轧产品的质量检查

质量检查是保证产品质量的重要手段，按检查方式主要分为在线检查及离线检查两类；按工序主要分为轧制检查及精整检查；按产品质量要求主要分为表面质量检查、板形质量检查、厚度精度检查及性能检查四类。

表面质量检查除在线自动检查外，多数的国内铝加工企业目前仍采用专职检查人员用肉眼判定产品表面质量是否符合标准，此方法通常对产品头、尾的表面质量判定较为准确，其余部位的质量只能靠冷轧工艺来保障。板形质量检查，在线使用板形测量仪，离线多为人工检测，其方法通常是质检人员取 2m 左右的带材放置在检测平台上，用钢片尺及卷尺测量波高、波长及波浪数。厚度精度检查，在线时使用测厚仪检测，通常检测带材中心线位置的厚度，且此时只对厚度做测量并不能参与厚度的控制；离线多使用千分尺测量，一方面需取样测量带材头、尾宽度方向的厚度分布；另一方面还需抽取废边条测量带材边部厚度。性能检查根据产品的使用特点，分为逐卷检查和分批次两种检查方式。

9.6.1　轧制工序的检查方法

冷轧轧制速度快，单位时间内生产的卷材多，不适合逐卷检查，只能采用抽检方式，随着带材厚度的减薄，可增加抽检的频次。目前，冷轧主要采取两种检查方式：一是在轧机上实行在线检查；二是轧后离线剥卷检查。

9.6.1.1　在线检查

（1）停机在线检查法。通常冷轧出口厚度 >0.9mm 时采用此方法。带材起车轧制一定长度时停下来，由专职检查员在线检查带材上、下表面质量：首先检查本工序周期性缺陷，然后检查前工序缺陷。

（2）低速在线检查法。轧机以较低的速度运转，专职检查员在卷材入口处观察表面，此方法主要适用于厚料及大缺陷。

（3）在线自动检查法。在轧制过程中，借助高分辨率的高速摄像仪及专业分析软件全方位检查表面质量。

9.6.1.2 离线剥卷检查

（1）快停剥卷检查法。在轧机恒定速度运行情况下，通过快停方式停车，卷材下机后剥尽尾部停车减速段。此方法可检测表面横纹、振纹、卷取粘伤、横向擦伤及厚差等缺陷。

（2）正常停车剥卷检查法。在接近带材尾部时，将轧制速度降至最低，通过正常停车方式停车，卷材下机后剥除一定长度后检查表面质量。此方法用于检查冷轧常规表面缺陷。

9.6.2 精整工序的检查方法

精整工序相对冷轧工序生产速度低，有足够的检查时间，精整工序通常逐卷检查表面（片材仍使用抽检）。带材头部主要采用在线停车检查，尾部采用离线方法检查表面。

9.6.3 主要检查工具

9.6.3.1 钢卷尺

钢卷尺（图9-1）用来测量较大的几何尺寸，如产品的长度、宽度等，其精度是1mm。它的使用简单、方便，测量时，只需将刻度带紧贴制品表面展开，即可读数。

图9-1 钢卷尺刻度显示

9.6.3.2 钢直尺

钢直尺（图 9-2）是一种最简单的测长工具，一般分度值为 1mm，标度单位为 cm，读数时可以准确读到 mm 位，mm 位以下的 0.1mm 位估读。合格的钢尺，长度小于 300mm 的，全长允许的最大误差位为（正、负）0.1mm；300~500mm 的钢直尺，全长允许的最大误差位为（正、负）0.15mm；500~1000mm 的钢直尺，全长允许的最大误差位为（正、负）0.2mm。

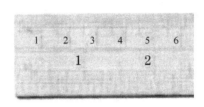

图 9-2 钢直尺

使用钢直尺测量长度时要注意：

（1）尽量使待测物贴近钢直尺的刻度线，读数时视线要垂直钢直尺（图 9-3）。

（2）一般不要用钢直尺的端点作为测量的起点，因为端边易受磨损而给测量带来误差。

（3）钢直尺的刻度可能不够均匀，在测量时要选取不同起点进行多次测量，然后取平均值。

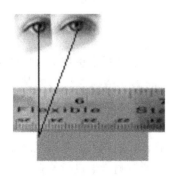

图 9-3 钢直尺使用要求

9.6.3.3　游标卡尺

游标卡尺（图9-4）是由毫米分度值的主尺和一段能滑动的游标副尺构成，它能够把 mm 位下一位的估读数较准确地读出来，因而是比钢尺更准确的测量仪器。游标卡尺可以用来测量长度、孔深及圆筒的内径、外径等几何量。

图9-4　游标卡尺

A　游标卡尺的读数原理

游标副尺上有 n 个分格，它与主尺上的 $n-1$ 个分格的总长度相等，一般主尺上每一分格的长度为 1mm，设游标上每一个分格的长度为 x，则有 $nx = n-1$，主尺上每一分格与游标上每一分格的差值为 $1-x = 1/n(\text{mm})$，因而 $1/n(\text{mm})$ 是游标卡尺的最小读数，即游标卡尺的分度值。若游标上有 20 个分格，则该游标卡尺的分度值为 $1/20 = 0.05\text{mm}$，这种游标卡尺称为 20 分游标卡尺；若游标上有 50 个分格，其分度值为 $1/50 = 0.02\text{mm}$，称这种游标卡尺为 50 分游标卡尺。

游标卡尺的仪器误差：一般取游标卡尺的最小分度值为其仪器误差。

B　游标卡尺的读数

从游标卡尺的主尺上准确读出 mm 位，在副尺上读出 mm 位的下一位，以 50 分游标卡尺为例，若副尺上的第 n 格与主尺上的某一格对齐，则副尺的读数为 $0.02 \times n$，主副尺读数之和即是测量值。

C　使用游标卡尺的注意事项

测量之前应检查游标卡尺的零点读数，看主副尺的零刻度线是否对齐，若没有对齐，须记下零点读数，以便对测量值进行修正。

卡住被测物时，松紧要适当，不要用力过大，注意保护游标卡尺的刀口。

D 游标卡尺的管理

游标卡尺应实行专人管理，定期送检，保证在检验合格证的有效期内使用。测量中，发现误差异常，也应及时送修，以保证测量的精度。

9.6.3.4 千分尺

A 千分尺的分类及原理

测微头分为机械式和数显式两大类（图 9-5）。机械式千分尺根据表数形式可分为微分筒千分尺、带表千分尺；根据测量方式又分为内径千分尺、外径千分尺、内测千分尺、深度千分尺。

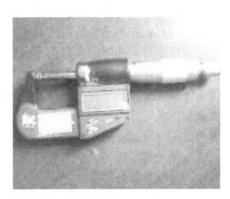

图 9-5 机械式千分尺和数显式千分尺

螺旋副原理是千分尺的基本原理，由螺旋副原理构成测微头，利用测微头构成各式各样用途的千分尺。所谓的测微头是利用螺旋副原理，对测量螺杆轴向位移量进行读数并备有安装部位的测量器具。

螺旋副原理是将测微杆的旋转运动变成直线位移，测量螺杆在轴心线方向上移动的距离与螺杆的转角成正比：

$$L = P \times \frac{\theta}{2\pi} \tag{9-1}$$

式中　L——测杆直线位移的距离，mm；

　　　P——测杆的螺距，mm；

　　　θ——测杆的转角；

π——圆周率，$\pi = 3.1415926$。

深度千分尺是利用螺旋副原理，对底座基面与测量杆测量面间分隔的距离进行读数的深度测量器具，它的用途和深度与卡尺相同。

内径千分尺是测量孔径大小的千分尺，它每次使用前都必须先进行校准。内测千分尺是用于测量内孔距离的千分尺（包括圆孔在内的所有内测尺寸）。

外径千分尺是测量工件外径的千分尺，特殊用途千分尺是一些为了特殊用途专门制造的千分尺。

B　千分尺的使用

在使用千分尺时，必须首先归零，深度千分尺需在 1 级平台上归零，内径千分尺校准时必须专业、正规，在归零时如果是带有测力装置的千分尺，在归零时所用的力须和测量时保持一致。

深度千分尺归零时，首先将测量杆收回基座，将千分尺的基座置于平台，缓慢使测量杆向下移动至平台，然后再归零。

外径千分尺归零时，缓慢地使测量杆与测砧接触，如是需要校正的应加用校正杆，所用的力度为不使校正杆滑落（国家标准规定用力为 2 ~ 3N）。

在测量时，为了考虑到测量的不确定性，一般都要置零两次以上，测量次数不低于 3 次。

由于千分尺为精确测量仪器，考虑到其测量时的重复性因素，测量时应多取几次测量值。

C　千分尺的使用注意事项

千分尺为电子仪器，对使用环境要求比卡尺高，除了卡尺的使用要求外，操作场所的温度过高和过低都对测量结果有影响。

千分尺不可随意丢置乱放，用后应拆下组合件，外径千分尺放置时，测量杆与测砧不可接触。

随时注意电池电量情况，如出现闪数或跳数应及时检查电池电量是否足够。

在组合测量时，确定接合良好，在测量深度时，深度底面应为平面，以保证测量结果的准确性。

在进行测量操作时，应注意操作的速度和力度，应严格按照要求进行操作。

D 千分尺的常见故障及维护

千分尺在使用中，一般都会出现跳数和数值显示不稳定现象，多数是由于电池电量不足或电池接触不良造成的，更换电池或重新安装后会消除上述不良。另外，数显卡尺因为尺身栅尺有水或其他异物也会引起闪数现象，清洁尺身后会恢复正常状态。

如果出现测量数值的不确定性过大，应重新确认归零是否良好，测量面是否有杂质或异物，如没有上述问题，应注意测量时速度是否过快和测量面是否已经有损伤，如出现无法消除的故障或出现量爪损伤，严禁私自拆卸和维修，请及时送至仪器校验组进行检修和校准，如无法检修再根据情况送外部修理。

9.6.3.5 粗糙度仪

表面质量的特性是零件最重要的特性之一，在计量科学中表面质量的检测具有重要的地位。最早人们是用标准样件或样块，通过肉眼观察或用手触摸，对表面粗糙度做出定性的综合评定。1929 年德国的施马尔茨（G. Schmalz）首先对表面微观不平度的深度进行了定量测量。1936 年美国的艾卜特（E. J. Abbott）研制成功第一台车间用的测量表面粗糙度的轮廓仪。1940 年英国 Taylor-Hobson 公司研制成功表面粗糙度测量仪——泰吕塞夫（Talysurf）。以后，各国又相继研制出多种测量表面粗糙度的仪器。目前，测量表面粗糙度常用的方法有：比较法、光切法、干涉法、针描法和印模法等，而测量迅速方便、测值精度较高、应用最为广泛的就是采用针描法原理的表面粗糙度测量仪。

针描法又称触针法。当触针直接在工件被测表面上轻轻划过时，由于被测表面轮廓峰谷起伏，触针将在垂直于被测轮廓表面方向上产生上、下移动，这种移动通过电子装置把信号加以放大，然后通过指零表或其他输出装置将有关粗糙度的数据或图形输出来。

采用针描法原理的表面粗糙度测量仪由传感器、驱动器、指零表、记录器和工作台等主要部件组成。电感传感器是轮廓仪的主要部件之一，如图 9-6 所示。

在传感器测杆的一端装有金刚石触针，触针尖端曲率半径 r 很

图9-6 表面粗糙度测量仪传感器

小，测量时将触针搭在工件上，与被测表面垂直接触，利用驱动器以一定的速度拖动传感器。由于被测表面轮廓峰谷起伏，触状在被测表面滑行时，将产生上、下移动。此运动经支点使磁芯同步地上、下运动，从而使包围在磁芯外面的两个差动电感线圈的电感量发生变化。

这种仪器适用于测定 $0.02 \sim 10 \mu m$ 的 R_a 值，其中有少数型号的仪器还可测定更小的参数值，仪器配有各种附件，以适应平面、内外圆柱面、圆锥面、球面、曲面以及小孔、沟槽等形状的工件表面测量。测量迅速方便，测值精度高。

9.6.4 检测技术

9.6.4.1 在线表面检测技术

在线表面检测技术是目前广泛应用的全面自动化检查表面缺陷新技术。整套系统由检测装置、并行计算系统、服务器和控制台组成，如图9-7所示。

在线检测系统的工作原理：摄像头摄取图像信号传递给并行计算机系统，并且在并行计算系统中对图像进行处理和分析，以便进行缺陷检测和分类。并行计算系统中采用多台计算机对图像数据进行并行处理（每一台计算机单独处理一台或多台摄像机采集到的图像）。通

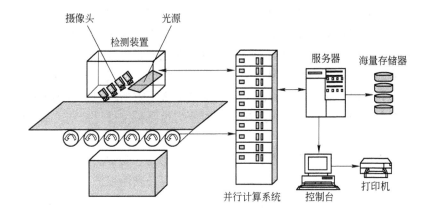

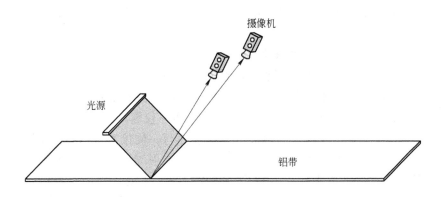

图 9-7 在线表面检测技术示意图

过这种并行计算方式可大大提高系统的数据处理能力，从而保证系统在线检测要求。所有的算法都在并行计算系统中实现，为了方便系统的更新并降低硬件成本，所有的算法都通过软件实现。经过处理后就可以得到缺陷的信息，包括缺陷的尺寸、部位、类型、等级等。并行计算系统将这些缺陷的信息通过千兆以太网传送给服务器，在服务器中对这些缺陷进行合并和保存。服务器实时获取带卷的运行速度，以便根据运行速度得到带卷的位移，从而获取缺陷在带卷上的实际位置。

9.6.4.2 板形检测技术

板形检测技术主要分为接触式和非接触式两种检测方式。

接触式板形检测技术精度高，广泛应用于冷轧在线板形测量。接触式板形仪大多是通过检测带材宽度方向上的张力分布的方式来检测板形的。其主要由板形辊、信号处理器、板形显示仪及板形分析系统组成。接触式板形仪造价高，辊面损伤后必须重新磨削，否则会影响带材表面质量，磨削安装后需重新对压力检测系统进行标定，所以维护较为困难。

非接触式又分为电磁法、变位法、振动法、光学法、音波法和放射法。非接触式测量仪的硬件相对简单，容易安装维护，其备品备件造价低；非接触式测量仪的板形信号为非直接信号，因此测量精度低，不能用于高精度要求的测量。非接触式测量仪的优点是不会对带材表面产生损伤。目前非接触式测量仪多用于离线检测单片片材的板形质量。

9.6.4.3 尺寸检测技术

尺寸检测主要分为厚度、宽度和长度的测量。

厚度在线检测主要使用带放射源的测厚仪进行测量控制，如 X 射线测厚仪、同位素放射源测厚仪及激光测厚仪等。X 射线测厚仪又分为连续 X 射线测厚仪和特征 X 射线测厚仪；同位素放射源测厚仪目前通常使用 γ 射线源和 β 射线源，其中 γ 射线源主要用于测量厚度大于 1.8mm 以上的铝及铝合金，β 射线源主要用于测量厚度在 1.8 ~ 0.05mm 的铝及铝合金。离线检测主要使用数显螺旋测微仪、台式电子测厚仪及称重法测量。

宽度、长度检测主要使用钢卷尺、游标卡尺、光栅尺、机器视像系统及激光等工具测量。机器视像系统是一种高速、高精度的测量系统，与表面在线检测系统类似，通过摄像头将检测目标转换为图像信号，并将信号交给系统处理，就可以得出相关尺寸。

9.6.4.4 阳极氧化检测技术

以铝或铝合金制品为阳极置于电解质溶液中，利用电解作用，使其表面形成氧化铝薄膜的过程，称为铝及铝合金的阳极氧化处理。铝阳极氧化的原理实质上就是水电解的原理。阳极氧化时，铝表面的氧化膜的成长包含两个过程：膜的电化学生成和化学溶解过程。适当加大电流，可加剧阳极反应，加快化学溶解，阻止氧化膜的附着，将铝基材内部缺陷暴露出来，从而达到表面检查的目的。

9.7 铝及铝合金冷轧产品的冷轧主要缺陷分析

9.7.1 缺陷分类

缺陷是指产品存在欠缺或者不够完备的地方，并且会对用户的正常使用造成不良的影响。

根据缺陷对产品质量的影响和标准的规定，大体可以把缺陷分为以下三类：

第一类，不允许有的缺陷。这类缺陷的产生就意味着产品绝对报废，它包括组织不致密，破坏晶粒间结合力的贯穿气孔、铸造粗大夹杂物、过烧废品；破坏产品抗腐蚀能力的腐蚀、滑移线废品；破坏产品整体结构的裂边、裂纹等废品；超过使用要求和标准要求的力学性能不合格、过薄、过厚、过窄、过短废品。

第二类，允许有的缺陷。这类缺陷在标准上做了具体规定或可以归类到某种已做规定的缺陷里，它们虽然降低了产品的综合性能，但只要符合标准要求仍可以使用。譬如，在面积和深度做了规定的缺陷：表面气泡、波浪（不平度）、划伤、擦伤、压过划痕、印痕、粘伤缺陷；允许轻微存在的缺陷：非金属压入、金属压入、松树枝状花纹；符合标准的缺陷：折伤、小黑点。

第三类，其他缺陷。标准中没有规定或规定了但很不具体的缺陷，如：油痕、表面不亮等缺陷。

根据缺陷产生位置、形貌及特点，我们可以把缺陷分为表面质量缺陷、几何尺寸及形状缺陷、性能缺陷三大类。

9.7.2 主要缺陷定义、特征及原因分析

9.7.2.1 表面气泡

板、带材表面不规则的圆形或条状空腔凸起称为表面气泡。凸起的边缘圆滑、板片上下不对称，分布无规律，如图 9-8 所示。

图9-8　气泡

产生原因：

（1）铸块表面凹凸不平、不清洁，表面偏析瘤深度较深；

（2）铣面量小或表面有缺陷，如：凹痕或铣刀痕较深；

（3）乳液或空气进入包铝板与铸块之间；

（4）铸块加热温度过高或时间过长；

（5）热处理时温度过高。

9. 7. 2. 2　毛刺

毛刺是板、带材经剪切，边缘存在大小不等的细短丝或尖而薄的金属刺。

产生原因：

（1）剪刃不锋利；

（2）剪刃润滑不良；

（3）剪刃间隙及重叠量调整不当。

9. 7. 2. 3　水痕

板、带材表面浅白色或浅黑色不规则的水线痕迹称为水痕，如图9-9所示。

产生原因：

（1）淬火后板材表面水分未处理干净，经压光机压光后留下的

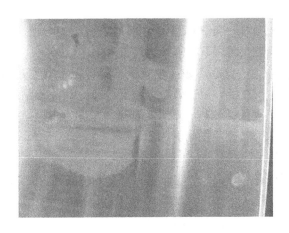

图 9-9 水痕

痕迹；

（2）清洗后，烘干不好，板、带材表面残留水分；

（3）淋雨等原因造成板、带材表面残留水分，未及时处理干净。

9.7.2.4 印痕

板、带材表面存在单个的或周期性的凹陷或凸起称为印痕。凹陷或凸起比较光滑，如图 9-10 所示。

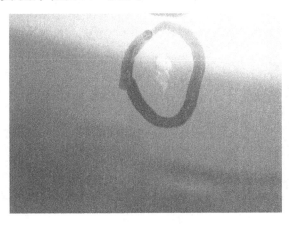

图 9-10 印痕

产生原因：

（1）轧辊及板、带表面粘有金属屑或脏物，当板、带通过生产机列后在板、带表面印下黏附物的痕迹；

（2）其他工艺设备（如：矫直机、给料辊、导辊）表面有缺陷或黏附脏物时，在板、带表面产生印痕；

（3）套筒表面不清洁、不平整及存在光滑的凸起；

（4）卷取时，铝带黏附异物。

9.7.2.5　裂边

板、带材边部破裂，严重时呈锯齿状的缺陷称为裂边，如图9-11所示。

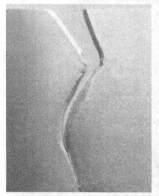

图9-11　裂边

产生原因：

(1) 金属塑性差；

(2) 辊型控制不当，使板、带边部出现拉应力；

(3) 剪切送料偏斜，板、带一边产生拉应力；

(4) 端面碰伤等原因引起裂边较大，经切边后无法消除；

(5) 轧制加工率过大；

(6) 冷轧时卷取张力调整不合适；

(7) 热轧板、带材有较大的压入物，冷轧时易产生撕裂。

9.7.2.6 碰伤

碰伤是板、带材在搬运或存放过程中，与其他物体碰撞后在表面或端面产生的破损，且大多数在凹陷边际有被挤出的金属存在，如图 9-12 所示。

图 9-12 碰伤

9.7.2.7 孔洞

穿透板、带材的孔或洞称为孔洞，如图 9-13 所示。

产生原因：

(1) 坯料轧制前存在夹渣、粘伤、压划、孔洞等缺陷；

(2) 压入物经轧制后脱落。

9.7.2.8 非金属压入

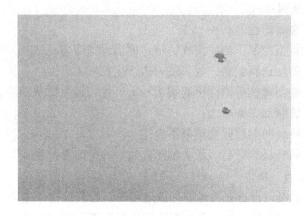

图 9-13   孔洞

非金属压入为非金属异物压入板、带表面。通常表面呈明显的点状或长条状黄黑色缺陷，如图 9-14 所示。

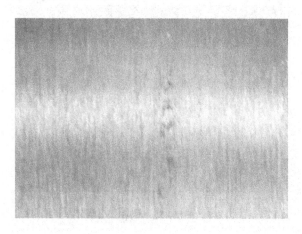

图 9-14   非金属压入

产生原因：

（1）轧制工序设备条件不清洁；

（2）轧制工艺润滑剂不清洁；

（3）板坯表面有擦划伤，油泥等非金属异物残留在凹陷处；

（4）铸轧卷坯表面存在石墨等非金属异物；

（5）轧制过程中，非金属异物掉落在板带材表面。

9.7.2.9　金属压入

金属压入为金属屑或金属碎片压入板、带材表面。压入物刮掉后呈大小不等的凹陷，破坏了板、带材表面的连续性，如图 9-15 所示。

图 9-15　金属压入

产生原因：

（1）热轧时的金属屑、条掉在板坯表面压入或黏附于带材表面，经冷轧后压入；

（2）圆盘剪切边工序质量差，产生毛刺掉在带坯上经轧制后压入；

（3）轧辊粘铝后，其粘铝又被压在板坯上。

9.7.2.10　凹痕

板、带材表面单个或不规则分布的凹陷称为凹痕。凹陷处表面不光滑，表面金属被破坏。

产生原因：

（1）退火料架或底盘上有突出物，造成硌伤；

（2）卷取、垛片过程中时，坚硬异物掉落板片间或卷入带卷；

（3）压入物脱落后形成的凹坑。

9.7.2.11　折伤

板材弯折后产生的变形折痕，如图9-16所示。主要原因是薄板在翻片或搬运中受力不平衡或垛片时受力不平衡。

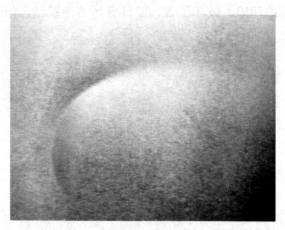

图9-16　折伤

9.7.2.12　压折

压折是压过的皱折。皱折与轧制方向成一定角度，压折处呈亮道花纹，如图9-17所示。

图9-17　压折

产生原因：

（1）冷轧时板带厚度不均匀，板形不良；

（2）矫直机送料不正。

9.7.2.13 振纹

在板带材表面周期性或连续地出现垂直于轧制方向的条纹称为振纹，如图 9-18 所示。该条纹单条间平行分布，一般贯通带材整个宽度。当轧机、矫直机等设备在生产过程中高频振动时产生。

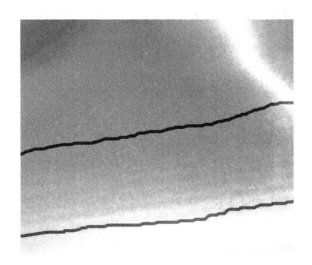

图 9-18 振纹

9.7.2.14 粘伤

因板间或带材卷层间压力过大造成板、带表面呈点状、片状或条状的伤痕称为粘伤，如图 9-19 所示。粘伤产生时往往上、下板片（或卷层）呈对称性，有时呈周期性。

产生原因：

（1）热状态下板垛上压有重物，运输过程中局部受力；

（2）冷轧卷取过程中张力过大，经退火产生；

（3）设备胀轴不圆，局部受力过大；

（4）冷轧开卷张力过大。

图 9-19 粘伤

9.7.2.15 刀印

剪切过程中剪刃与刀垫配合不好，在板、带材侧边形成明显的、连续的线状痕迹称为刀印。

9.7.2.16 横纹

垂直轧制方向横贯板、带材表面的波纹，波纹处厚度突变，如图 9-20 所示。

图 9-20 横纹

产生原因：

（1）轧制过程中中间停机，或较快调整压下量；

（2）精整时多辊矫直机在有较大压下量的情况下矫直时中间停车。

9.7.2.17 擦伤

擦伤是由于板带材层间存在杂物或铝粉与板面接触、物料间棱与面，或面与面接触后发生相对滑动或错动而在板、带表面造成的成束（或组）分布的伤痕，如图9-21所示。

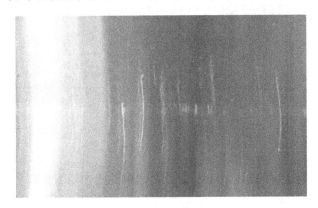

图9-21 擦伤

产生原因：

（1）板、带在加工生产过程中与导路、设备接触时产生摩擦；

（2）冷轧卷端面不齐，在立式炉退火翻转时层与层之间产生错动；

（3）开卷时产生层间错动；

（4）精整验收或包装操作不当产生板间滑动；

（5）卷材松卷。

9.7.2.18 轧辊磨痕

工作辊磨削不良使工作辊的磨痕反印在板、带材表面上形成的缺陷称为轧辊磨痕。

9.7.2.19 划伤

凡因尖锐的物体（如板角、金属屑或设备上的尖锐物等）与板面接触，在相对滑动时所造成的呈条状分布的伤痕，如图 9-22 所示。

产生原因：

（1）机列导板、导辊等部位有突出的尖锐物；

（2）带材与机列导辊不同步。

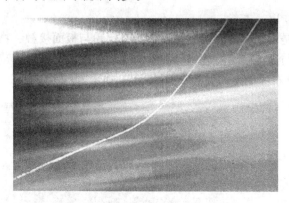

图 9-22 划伤

9.7.2.20 压过划痕

经轧辊压过的擦、划伤，粘铝等表面缺陷，如图 9-23 所示。

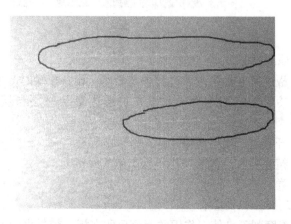

图 9-23 压过划痕

9.7.2.21 起皮

铸块表面平整度差或铣面不彻底或铸块加热时间长，表面严重氧化，经冷轧后造成板材表面的局部起层，如图 9-24 所示。起层较薄，破裂翻起。

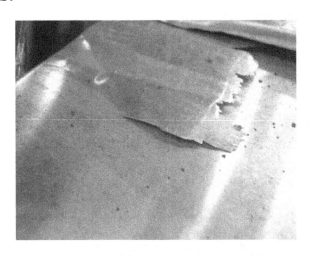

图 9-24 起皮

9.7.2.22 黑条

黑条是板、带材表面沿轧制方向分布的细小黑色线条状缺陷，如图 9-25 所示。

图 9-25 小黑条

产生原因：

（1）工艺润滑剂不干净；

（2）板带表面有擦、划伤；

（3）板带通过的导路不干净；

（4）铸轧带表面偏析或热轧用铸块铣面不彻底；

（5）金属中有夹杂。

9.7.2.23 油斑

残留在板、带上的油污，经退火后形成的白色、淡黄色、棕色斑痕称为油斑，严重时呈黄褐色斑痕，如图9-26所示。

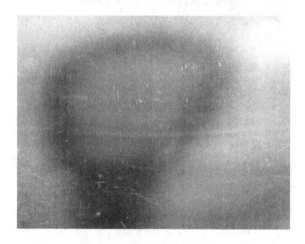

图9-26 油斑

产生原因：

（1）冷轧用润滑油质量差；

（2）冷轧吹扫不良，残留油过多，退火过程中，残油的油不能完全挥发；

（3）机械润滑油等高黏度油滴在板、带表面，未清除干净。

9.7.2.24 油污

板、带材表面的油性污渍，如图9-27所示。

产生原因：

（1）板、带材表面残留的轧制油与灰尘、铝粉或杂物混合形成；

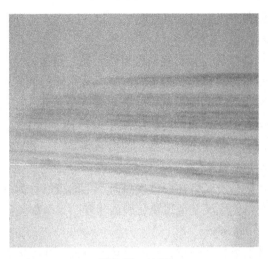

图 9-27 油污

（2）轧制油中混有高黏度润滑油；

（3）剪切、矫直等过程中设备润滑油污染板、带材。

9.7.2.25 腐蚀

板、带材表面与周围介质接触，发生化学或电化学反应后在板、带表面产生的缺陷，如图 9-28 所示。腐蚀板、带材表面失去金属光

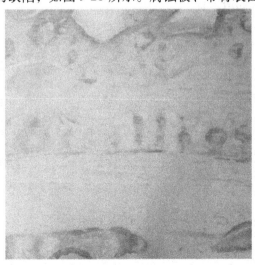

图 9-28 腐蚀

泽，严重时在表面产生灰白色的腐蚀产物。

产生原因：

（1）淬火洗涤后，板材表面残留酸、碱、硝盐；

（2）板、带贮存不当，由于气候潮湿或水滴浸润表面；

（3）生产过程工艺润滑剂中含有水分或呈碱性；

（4）储运过程中，包装防腐层破坏；

（5）清洗后，烘干不好，残留水分较多。

9.7.2.26　硝盐痕

热处理硝盐介质残留在板材表面而产生的斑痕称为硝盐痕。硝盐痕呈不规则的白色或淡黄色斑块，表面粗糙、无金属光泽。

9.7.2.27　滑移线

滑移线是板带材拉伸矫直时因拉伸量过大，在板带材表面形成与拉伸方向约呈 45°~60°角的有规律的明暗条纹。

9.7.2.28　色差

板、带材表面与轧制方向平行的明、暗相间的条纹称为色差，如图 9-29 所示。

产生原因：

（1）工艺润滑不良；

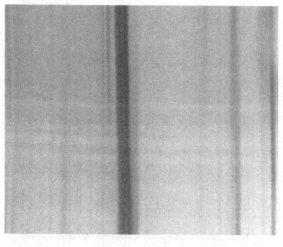

图 9-29　色差

（2）轧辊上存在亮带；

（3）板坯表面组织不均，有粗大晶粒或偏析带；

（4）先轧窄料后轧宽料。

9.7.2.29 松树枝状花纹

冷轧过程中产生的滑移线，如图 9-30 所示。板、带材表面呈现有规律的松树枝状花纹，有明显色差，但仍十分光滑。

图 9-30 松树枝状花纹

产生原因：

（1）工艺润滑不良；

（2）冷轧时道次压下量过大；

（3）冷轧时张力小，特别是后张力小。

9.7.2.30 辊花

磨床振动造成轧辊磨削不良，在板带材表面形成与轧制方向平行或呈一定角度的、有规律排列的且相互间平行的条纹称为辊花。

9.7.2.31 压花

压花是由于带材褶皱、断带等原因导致轧辊辊面不规则色差而形成的缺陷。

9.7.2.32 波浪

波浪是带材由于不均匀变形而形成的各种不同的不平整现象的总称。带材边部产生的波浪称为边部波浪，中间产生的波浪称为中间波浪，既不在中间又不在两边的波浪称为二肋波浪，尺寸较小且通常呈圆形的波浪称为碎浪，如图9-31所示。

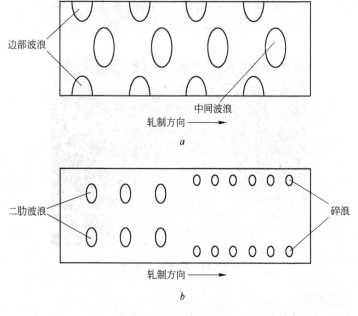

图9-31 波浪示意图

a—边部波浪和中间波浪示意图；b—二肋波浪和碎浪示意图

产生原因：

（1）辊缝调整不平衡，辊型控制不合理；

（2）润滑冷却不均，使带材变形不均；

（3）道次压下量分配不合理；

（4）来料板形不良，同板差超标；

（5）卷取张力使用不均。

9.7.2.33　翻边

翻边为经轧制或剪切后，带材边部的翘起，如图 9-32 所示。

图 9-32　翻边

产生原因：

（1）轧制时压下量过大、轴承温度过高；

（2）轧制时润滑油分布不均匀；

（3）剪切时剪刃调整不当；

（4）剪切时张力选取不当加上剪刃重叠量过大。

9.7.2.34　晶粒粗大

热处理制度不合适或铸锭化学成分控制不当，在板带材表面形成橘皮状晶粒粗大现象称为晶粒粗大。

9.7.2.35　侧边弯曲

侧边弯曲为板、带的纵向侧边呈现向某一侧弯曲的非平直状态，如图 9-33 所示。

产生原因：

（1）板、带来料两侧厚度不一致，精整时产生侧弯；

（2）剪切前带材存在波浪，经剪切后波浪展开；

（3）带材进入剪刃前垂直于剪切方向窜动。

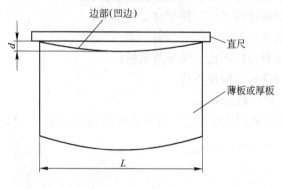

图9-33 侧边弯曲示意图

9.7.2.36 塌卷

卷芯严重变形，卷形不圆的缺陷称为塌卷，如图9-34所示。

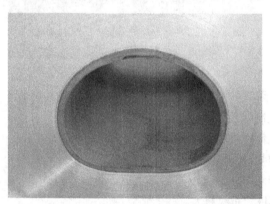

图9-34 塌卷

产生原因：

（1）卷取过程中张力不当；

（2）外力压迫；

（3）卷芯强度低；

（4）无卷芯卷材经退火产生。

9.7.2.37 错层

带材端面层与层之间不规则错动，造成端面不平整的缺陷称为错层，如图 9-35 所示。

产生原因：

（1）卷取张力控制不当；

（2）压下量不均，套筒窜动；

（3）卷取过程中，对中系统异常。

图 9-35 错层

9.7.2.38 塔形

带卷层与层之间向一侧窜动形成塔状偏移的现象称为塔形，如图 9-36 所示。

图 9-36 塔形

产生原因：

（1）来料板形不好，张力控制不当；

（2）卷取对中调节控制系统异常。

9.7.2.39 松层

卷取、开卷时层与层之间产生松动的现象称为松层，严重时波及整卷，如图9-37所示。

图9-37 松层

产生原因：

（1）卷取过程中张力不均；

（2）开卷时压辊压力太小；

（3）轧制收卷时压平辊压下不及时或压下力不够；

（4）钢带或卡子不牢固，吊运时产生。

9.7.2.40 燕窝

带卷端面产生局部"V"形缺陷称为燕窝，如图9-38所示。这种缺陷在带卷卷取过程中或卸卷后产生，有些待放置一段时间后才产生。

产生原因：

（1）带卷卷取过程中前、后张力使用不当；

（2）胀轴不圆或卷取时打底不圆，卸卷后由于应力不均匀分布而产生；

（3）卷芯质量差。

图 9-38 燕窝

附　录

附录 I　世界典型冷轧厂（2008 年数据）

排名	企 业 名 称	生产能力/kt·a^{-1}
1	德国海德鲁铝业公司（Hydro）阿卢诺夫（Alunollf）厂	850
2	美国诺威力（Novelis）铝业公司洛根轧制厂	800
3	美国铝业公司（Alcoa）田纳西州轧制厂	600
4	法国加拿大铝业公司（Alcan）新布里萨克轧制厂	600
5	俄罗斯美国铝业公司萨马拉（Samara）冶金公司	510
6	韩国诺威力铝业公司荣州轧制厂	500
7	中国中铝西南铝业（集团）有限责任公司	500
8	美国威斯合金 LLC 公司（Wise Alloys）亚拉巴马州轧制厂	450
9	德国海德鲁铝业公司格雷芬布洛希轧制厂	450
10	巴西诺威力铝业公司圣保罗轧制厂	380
11	美国铝业公司印第安纳州瓦威克轧制厂	380
12	日本神户钢铁公司栃木县真冈轧制厂	350
13	日本住友轻金属公司爱知县轧制厂	320
14	英国加铝公司纽波特市轧制厂	300
15	韩国诺威力铝业公司轧制厂	270
16	中国中铝河南铝业有限公司	250
17	中国河南巩义市明泰铝业有限公司	220

附录 Ⅱ　世界先进冷轧线一览表

企业名称	生产线简介
德国阿卢诺夫铝业公司	冷轧车间有四台西马克公司的单机架不可逆式冷轧机，一条西马克公司的 2450mm 双机架冷连轧生产线
美国肯塔基州洛根铝业有限公司	公司拥有 2 台单机架四辊不可逆式冷轧机，1 条 1 + 2 机架冷连轧生产线，3 条纵剪生产线，其中一条的剪切速度达 1524m/min，以及相配套的拉弯矫直机列、横剪生产线、包装机列
加拿大铝业公司奥斯威戈轧制厂	公司拥有 2 条 1 + 2 冷连轧生产线，5 台惰性气体退火炉，全用于卷材退火；3 台拉矫机列，2 台纵剪机列，1 台电解清洗机列，以及相配套的包装机列
神钢-美铝铝业有限公司（KALL）	冷轧车间有 1 条 1 + 2 机架冷连轧生产线，其中单机架 2100mm 六辊式轧机是全球第一台这类轧机，最大轧制速度为 1650m/min，最大卷重 21t；双机架 2100mm 六辊 CVC 轧机是世界上首台这类连轧机，双机架六辊 CVC 冷连轧机的最高轧制速度为 1650m/min，产品的最大宽度为 2100mm，精整车间/包装车间有与冷轧板带相适应的精整设备
加铝-大韩铝业公司	荣州轧制厂有 1 条 1676mm 1 + 2 机架冷轧机生产线，精整车间/包装车间有与冷轧板带相适应的各种精整设备，诸如：拉弯矫直机列、横剪生产线、纵剪生产线、包装线与涂层机列等；蔚山轧制厂有 2 台 2250mm 四辊不可逆式冷轧机，以及 17 台退火炉，容量从 5t 至最大的 77t。精整车间有 2 条纵剪线，2 条横剪线，1 条带清洗装置的拉弯矫直生产线
法国雷纳铝业公司新布里萨克轧制厂	公司拥有 3 台四辊不可逆式单机架冷轧机，一条 1 + 2 机架四辊冷连轧生产线；退火炉 5 台，气垫退火生产线 2 条，拉弯矫直机列 2 条，涂层生产线 3 条，纵剪生产线 2 条，最大剪切速度 700m/min；横剪生产线 1 条，可同时完成垫纸与自动包装；包装机列线 1 条
俄罗斯萨马拉冶金厂	该公司拥有两条冷连轧生产线，一条西马克公司设计制造的五连轧线，另一条是新克拉马托尔斯克机器制造厂提供的 3 连轧线
中铝西南铝业（集团）有限责任公司	公司拥有一台 2800mm 冷轧机，两台西马克公司设计制造的 1850mm 不可逆冷轧机，一台 1450mm 冷轧机，一条西马克公司设计制造的 2000mm（1 + 2）生产线，以及 25 台退火炉，容量从 10t 至最大 90t；精整拥有 6 条拉弯矫直生产线，最大生产速度 350m/min，剪切机列 4 条，其中一条切边机最大速度 1500m/min

附录Ⅲ 全球多机架冷连轧机列的简明技术参数

企业名称	机架数	工作辊宽度 /mm	最大轧制速度 /m · min⁻¹	最大开卷卷重/t
美国铝业公司 Warrick 厂	6	1524	2516	17
	5	1524	1602	16
美国铝业公司 Listerhille 厂	5	1670	1200	16
美国铝业公司田纳西轧制厂	3	2337	1525	25
美国铝业公司达文波特轧制厂	2	1825	610	9
	2	1520	775	18
瑞典芬斯蓬铝业公司	2	1530	300	5
美国福特卢普顿轧制厂	2	1120	500	6
日本富士轧制厂	2	1625	1500	8
日本深谷轧制厂	2	1580	900	8
美国哈蒙德轧制厂	2	1164	300	6
美国汉尼拔铝业公司	2	1852	400	9
法国伊苏瓦尔轧制厂	2	2800	200	12
美国兰开斯特铝业公司	2	1372	450	8
加拿大刘易斯波特铝业公司	2	1676	500	18
美国利斯特希尔铝业公司①	2	1470	360	7
日本神户钢铁公司真冈轧制厂	2	2400	1650	23
日本轻金属公司名古屋轧制厂	2	1620	1530	8
德国阿卢诺夫铝业公司	2	2450	1500	29
美国特伦特伍德轧制厂②	2	1680	650	20
美国尤里克斯维尔铝业公司	2	1400	610	11
韩国 TAT 司荣州轧制厂③	2	1676	610	10
中铝西南铝冷连轧板带有限公司	2	1950	1600	21

①原属雷诺兹金属公司。2000 年美国铝业公司兼并了该公司；

②属凯撒铝及化学公司；

③属 ATA（Alcan-Taihan Aluminium Co. , Ltd. ——加铝—大韩铝业公司），荣州轧制厂
  的双机架冷连轧机列是用二手设备改造的。

附录Ⅳ 中国变形铝及铝合金的化学成分

序号	牌号	化学成分(质量分数)/%												其他		Al	备注
		Si	Fe	Cu	Mn	Mg	Cr	Ni	Zn		Ti	Zr	单个	合计		
1	1A99	0.003	0.003	0.005									0.002		99.99	LG5
2	1A97	0.015	0.015	0.005									0.005		99.97	LG4
3	1A95	0.030	0.030	0.010									0.005		99.95	
4	1A93	0.040	0.040	0.010									0.007		99.93	LG3
5	1A90	0.060	0.060	0.010									0.01		99.90	LG2
6	1A85	0.08	0.10	0.01									0.01		99.85	LG1
7	1A80	0.15	0.15	0.03	0.02	0.02			0.03	Ca 0.03, V 0.05	0.03		0.02		99.80	
8	1A80A	0.15	0.15	0.03	0.02	0.02			0.06	Ca 0.03	0.02		0.02		99.80	
9	1070	0.20	0.25	0.04	0.03	0.03			0.04	V 0.05	0.03		0.03		99.70	
10	1070A	0.20	0.25	0.03	0.03	0.03			0.07		0.03		0.03		99.70	
11	1370	0.10	0.25	0.02	0.01	0.02	0.01		0.04	Ca 0.03, V + Ti 0.02, B 0.02			0.02	0.10	99.70	
12	1060	0.25	0.35	0.05	0.03	0.03			0.05	V 0.05	0.03		0.03		99.60	
13	1050	0.25	0.40	0.05	0.05	0.05			0.05	V 0.05	0.03		0.03		99.50	
14	1050A	0.25	0.40	0.05	0.05	0.05			0.07		0.05		0.03		99.50	

续附录IV

序号	牌号	化学成分(质量分数)/%												其他		Al	备注
		Si	Fe	Cu	Mn	Mg	Cr	Ni	Zn		Ti	Zr	单个	合计		
15	1A50	0.30	0.30	0.01	0.05	0.05			0.03	Fe+Si 0.45			0.03		99.50	LB2
16	1350	0.10	0.40	0.05	0.01		0.01		0.05	Ca 0.03, V+Ti 0.02, B 0.05			0.03	0.10	99.50	
17	1145	Si+Fe 0.55		0.05	0.05	0.05			0.05	V 0.05	0.03		0.03		99.45	
18	1035	0.35	0.60	0.10	0.05	0.05			0.10	V 0.05	0.03		0.03		99.35	
19	1A30	0.10~0.20	0.15~0.30	0.05	0.01	0.01		0.01	0.02		0.02		0.03		99.30	L4-1
20	1100	Si+Fe 0.95		0.05~0.20	0.05				0.10	①			0.05	0.15	99.00	
21	1200	Si+Fe 1.00		0.05	0.05	0.05			0.10				0.05	0.15	99.00	
22	1235	Si+Fe 0.65		0.05	0.05	0.05			0.10	V 0.05	0.05		0.03	0.15	99.35	
23	2A01	0.50	0.50	2.2~3.0	0.20	0.20~0.50			0.10		0.06		0.05	0.10	余量	LY1
24	2A02	0.30	0.30	2.6~3.2	0.45~0.70	2.0~2.4			0.10		0.15		0.05	0.10	余量	LY2
25	2A04	0.30	0.30	3.2~3.7	0.50~0.80	2.1~2.6			0.10	Be 0.001~0.010	0.15		0.05	0.10	余量	LY4

续附录Ⅳ

序号	牌号	化学成分(质量分数)/%											其他		Al	备注
		Si	Fe	Cu	Mn	Mg	Cr	Ni	Zn		Ti	Zr	单个	合计		
26	2A06	0.50	0.50	3.8~4.3	0.50~1.0	1.7~2.3			0.10	Be 0.001~0.005	0.05~0.40		0.05	0.10	余量	LY6
27	2A10	0.25	0.20	3.9~4.5	0.30~0.50	0.15~0.30			0.10		0.03~0.15		0.05	0.10	余量	LY10
28	2A11	0.70	0.70	3.8~4.8	0.40~0.8	0.40~0.80		0.10	0.3	Fe+Ni 0.70	0.15		0.05	0.10	余量	LY11
29	2B11	0.50	0.50	3.8~4.5	0.40~0.8	0.40~0.80			0.10		0.15		0.05	0.10	余量	LY8
30	2A12	0.50	0.50	3.8~4.9	0.30~0.9	1.2~1.8		0.10	0.30	Fe+Ni 0.50	0.15		0.05	0.10	余量	LY12
31	2B12	0.50	0.50	3.8~4.5	0.30~0.7	1.2~1.6			0.10		0.15		0.05	0.10	余量	LY9
32	2A13	0.7	0.60	4.0~5.0		0.30~0.50			0.6		0.15		0.05	0.10	余量	LY13
33	2A14	0.6~1.2	0.70	3.9~4.8	0.40~1.0	0.40~0.80		0.10	0.30		0.15		0.05	0.10	余量	LD10
34	2A16	0.30	0.30	6.0~7.0	0.40~0.8	0.05			0.10		0.10~0.20	0.20	0.05	0.10	余量	LY16

序号	牌号	化学成分(质量分数)/%											其他		Al	备注
		Si	Fe	Cu	Mn	Mg	Cr	Ni	Zn		Ti	Zr	单个	合计		
35	2B16	0.25	0.30	5.8~6.8	0.20~0.40	0.05				V 0.05~0.15	0.08~0.20	0.10~0.25	0.05	0.10	余量	
36	2A17	0.30	0.30	6.0~7.0	0.40~0.8	0.25~0.45			0.10		0.10~0.20		0.05	0.10	余量	LY17
37	2A20	0.20	0.30	5.8~6.8		0.02			0.10	V 0.05~0.15 B 0.001~0.01	0.07~0.16	0.10~0.25	0.05	0.15	余量	LY20
38	2A21	0.20	0.20~0.60	3.0~4.0	0.05	0.8~1.2		1.8~2.3	0.20		0.05		0.05	0.15	余量	
39	2A25	0.06	0.06	3.6~4.2	0.50~0.7	1.0~1.5		0.06					0.05	0.10	余量	
40	2A49	0.25	0.8~1.2	3.2~3.8	0.30~0.6	1.8~2.2		0.8~1.2	0.30		0.08~0.12		0.05	0.15	余量	
41	2A50	0.7~1.2	0.7	1.8~2.6	0.40~0.8	0.40~0.8		0.1	0.30	Fe+Ni 0.70	0.15		0.05	0.10	余量	LD5
42	2B50	0.7~1.2	0.7	1.8~2.6	0.40~0.8	0.40~0.8	0.01~0.20	0.1	0.30	Fe+Ni 0.70	0.02~0.10		0.05	0.10	余量	LD6
43	2A70	0.35	0.9~1.5	1.9~2.5	0.20	1.4~1.8		0.9~1.5	0.30		0.02~0.10		0.05	0.10	余量	LD7

续附录 IV

化学成分(质量分数)/%

序号	牌号	Si	Fe	Cu	Mn	Mg	Cr	Ni	Zn	其他	Ti	Zr	其他 单个	其他 合计	Al	备注
44	2B70	0.25	0.9~ 1.4	1.8~ 2.7	0.20	1.2~ 1.8		0.8~ 1.4	0.15	Pb 0.05,Sn 0.05 Ti+Zr 0.20	0.10		0.05	0.15	余量	
45	2A80	0.50~ 1.2	1.0~ 1.6	1.9~ 2.5	0.20	1.4~ 1.8		0.9~ 1.5	0.30		0.15		0.05	0.10	余量	LD8
46	2A90	0.50~ 1.0	0.50~ 1.0	3.5~ 4.5	0.20	0.4~ 0.8		1.8~ 2.3	0.30		0.15		0.05	0.10	余量	LD9
47	2004	0.20	0.20	5.5~ 6.5	0.10	0.5			0.10		0.05	0.30~ 0.50	0.05	0.15	余量	
48	2011	0.40	0.7	5.0~ 6.0					0.30	Bi 0.20~0.6 Pb 0.20~0.6			0.05	0.15	余量	
49	2014	0.50~ 1.2	0.7	3.9~ 5.0	0.40~ 1.2	0.20~ 0.8	0.1		0.25	③	0.15		0.05	0.15	余量	
50	2014A	0.50~ 0.9	0.7	3.9~ 5.0	0.40~ 1.2	0.20~ 0.8	0.1		0.25	Ti+Zr 0.20	0.15		0.05	0.15	余量	
51	2214	0.50~ 1.2	0.30	3.9~ 5.0	0.40~ 1.2	0.20~ 0.8	0.1		0.25	③	0.15		0.05	0.15	余量	
52	2017	0.20~ 0.8	0.7	3.5~ 4.5	0.40~ 1.0	0.40~ 0.8	0.1		0.25	③	0.15		0.05	0.15	余量	

续附录Ⅳ

序号	牌号	化学成分(质量分数)/%											其 他		Al	备注
		Si	Fe	Cu	Mn	Mg	Cr	Ni	Zn		Ti	Zr	单个	合计		
53	2017A	0.20~0.8	0.7	3.5~4.5	0.40~1.0	0.40~1.0	0.1		0.25	Ti+Zr 0.20			0.05	0.15	余量	
54	2117	0.8	0.7	2.2~3.0	0.20	0.20~0.50	0.1		0.25				0.05	0.15	余量	
55	2218	0.9	1.0	3.5~4.5	0.20	1.2~1.8	0.1	1.7~2.3	0.25				0.05	0.15	余量	
56	2618	0.10~0.25	0.9~1.3	1.9~2.7		1.3~1.8		0.9~1.2	0.10		0.04~0.10		0.05	0.15	余量	
57	2219	0.20	0.30	5.8~6.8	0.20~0.40	0.02			0.10	V 0.05~0.15	0.02~0.10	0.10~0.25	0.05	0.15	余量	LY19
58	2024	0.5	0.5	3.8~4.9	0.30~0.9	1.2~1.8	0.10		0.25	③	0.15		0.05	0.15	余量	
59	2124	0.2	0.3	3.8~4.9	0.30~0.9	1.2~1.8	0.10		0.25	③	0.15		0.05	0.15	余量	
60	2A21	0.6	0.7	0.2	1.0~1.6	0.05			0.10④		0.15		0.05	0.10	余量	LF21
61	3003	0.6	0.7	0.05~0.20	1.0~1.5				0.10				0.05	0.15	余量	

续附录Ⅳ

序号	牌号	化学成分（质量分数）/%											其他		Al	备注
		Si	Fe	Cu	Mn	Mg	Cr	Ni	Zn		Ti	Zr	单个	合计		
62	3103	0.5	0.7	0.10	0.9~1.5	0.30	0.10		0.20	Ti + Zr 0.10			0.05	0.15	余量	
63	3004	0.3	0.7	0.25	1.0~1.5	0.8~1.3			0.25				0.05	0.15	余量	
64	3005	0.6	0.7	0.30	1.0~1.5	0.20~0.6	0.10		0.25		0.10		0.05	0.15	余量	
65	3105	0.6	0.7	0.30	0.3~0.8	0.20~0.8	0.20		0.40		0.10		0.05	0.15	余量	
66	4A01	4.5~6.0	0.6	0.20			0.10		Zn + Sn 0.10		0.15		0.05	0.15	余量	LT1
67	4A11	11.5~13.5	1.0	0.5~1.3	0.20	0.8~1.3	0.10	0.50~1.3	0.25		0.15		0.05	0.15	余量	LD11
68	4A13	6.8~8.2	0.5	Cu + Zn 0.15	0.50	0.05				Ca 0.10	0.15		0.05	0.15	余量	LT13
69	4A17	11.0~12.5	0.5	Cu + Zn 0.15	0.50	0.05				Ca 0.10	0.15		0.05	0.15	余量	LT17
70	4004	9.0~10.5	0.8	0.25	0.10	1.0~2.0			0.20				0.05	0.15	余量	

续附录Ⅳ

序号	牌号	化学成分(质量分数)/%											其他		Al	备注
		Si	Fe	Cu	Mn	Mg	Cr	Ni	Zn		Ti	Zr	单个	合计		
71	4032	11.0~13.5	1.0	0.50~1.30		0.8~1.3	0.10	0.50~1.3	0.25				0.05	0.15	余量	
72	4043	4.5~6.0	0.8	0.30	0.05	0.05			0.10	①	0.20		0.05	0.15	余量	
73	4043A	4.5~6.0	0.6	0.30	0.05	0.20			0.10	①	0.15		0.05	0.15	余量	
74	4047	11.0~13.0	0.8	0.30	0.15	0.10			0.20	①			0.05	0.15	余量	
75	4047A	11.0~13.0	0.6	0.30	0.15	0.10			0.20	①	0.15		0.05	0.15	余量	
76	5A01	Si+Fe 0.40		0.30~0.7	6.0~7.0	0.10~0.20		0.25		0.15	0.10~0.20		0.05	0.15	余量	LF15
77	5A02	0.40	0.40	1.10	0.15~0.40	2.0~2.8			0.20	Si+Fe 0.6	0.15		0.05	0.15	余量	LF2
78	5A03	0.50~0.80	0.50	0.10	0.30~0.6	3.2~3.8					0.15		0.05	0.1	余量	LF3
79	5A05	0.50	0.50	0.10	0.30~0.6	4.8~5.5			0.20				0.05	0.1	余量	LF5

续附录Ⅳ

化学成分(质量分数)/%

序号	牌号	Si	Fe	Cu	Mn	Mg	Cr	Ni	Zn		Ti	Zr	其他		Al	备注
													单个	合计		
80	5B05	0.40	0.40	0.20	0.20 ~ 0.6	4.7 ~ 5.7				Si + Fe 0.6	0.15		0.05	0.1	余量	LF10
81	5A06	0.40	0.40	0.10	0.50 ~ 0.8	5.8 ~ 6.8			0.20	Be 0.0001 ~ 0.005②	0.02 ~ 0.10		0.05	0.1	余量	LF6
82	5B06	0.40	0.40	0.10	0.50 ~ 0.8	5.8 ~ 6.8			0.20	Be 0.0001 ~ 0.005②	0.10 ~ 0.30		0.05	0.1	余量	LF14
83	5A12	0.30	0.30	0.05	0.40 ~ 0.8	8.3 ~ 9.6		0.10	0.20	Be 0.005 / Sb 0.004 ~ 0.05	0.05 ~ 0.15		0.05	0.1	余量	LF12
84	5A13	0.30	0.30	0.05	0.40 ~ 0.80	9.2 ~ 10.5		0.10	0.20	Be 0.005 / Sb 0.004 ~ 0.05	0.05 ~ 0.15		0.05	0.1	余量	LF13
85	5A30	Si + Fe 0.40		0.10	0.50 ~ 1.0	4.7 ~ 5.5			0.25	Cr 0.05 ~ 0.20	0.03 ~ 0.15		0.05	0.1	余量	LF16
86	5A33	0.35	0.35	0.10	0.10	6.0 ~ 7.5			0.5 ~ 1.5	Be 0.0005 ~ 0.005②	0.05 ~ 0.15	0.10 ~ 0.30	0.05	0.1	余量	LF33
87	5A41	0.40	0.40	0.10	0.30 ~ 0.6	6.0 ~ 7.0			0.20		0.02 ~ 0.10		0.05	0.1	余量	LT41
88	5A43	0.40	0.40	0.10	0.15 ~ 0.40	0.6 ~ 1.4					0.15		0.05	0.15	余量	LF43

续附录Ⅳ

序号	牌号	化学成分(质量分数)/%										其他		Al	备注
		Si	Fe	Cu	Mn	Mg	Cr	Ni	Zn	Ti	Zr	单个	合计		
89	5A66	0.005	0.01	0.005		1.5~2.0						0.005	0.01	余量	LT66
90	5005	0.30	0.70	0.20	0.20	0.50~1.1	0.10		0.25			0.05	0.15	余量	
91	5019	0.40	0.50	0.10	0.10~0.6	4.5~5.6	0.20		0.20	0.20	Mo+Cr 0.1~0.6	0.05	0.15	余量	
92	5050	0.40	0.70	0.20	0.10	1.1~1.8	0.10		0.25			0.05	0.15	余量	
93	5251	0.40	0.50	0.15	0.10~0.50	1.7~2.4	0.15		0.15	0.15		0.05	0.15	余量	
94	5052	0.25	0.40	0.10	0.10	2.2~2.8	0.15~0.35		0.10			0.05	0.15	余量	
95	5154	0.25	0.40	0.10	0.10	3.1~3.9	0.15~0.35		0.20	0.20	①	0.05	0.15	余量	
96	5154A	0.50	0.50	0.10	0.50	3.1~3.9	0.25		0.20	0.20	Mn+Cr 0.10~0.50①	0.05	0.15	余量	
97	5454	0.25	0.40	0.10	0.50~1.0	2.4~3.0	0.05~0.20		0.25	0.20		0.05	0.15	余量	

续附录Ⅳ

化学成分(质量分数)/%

序号	牌号	Si	Fe	Cu	Mn	Mg	Cr	Ni	Zn		Ti	Zr	其他 单个	其他 合计	Al	备注
98	5554	0.25	0.40	0.10	0.50~1.0	2.4~3.0	0.05~0.20		0.25	①	0.05~0.20		0.05	0.15	余量	
99	5754	0.40	0.40	0.10	0.50	2.6~3.6	0.30		0.20	Mn+Cr 0.10~0.60	0.15		0.05	0.15	余量	
100	5056	0.30	0.40	0.10	0.05~0.20	4.5~5.5	0.05~0.20		0.10				0.05	0.15	余量	LF5-1
101	5356	0.25	0.40	0.10	0.05~0.20	4.5~5.5	0.05~0.20		0.10	①	0.06~0.20		0.05	0.15	余量	
102	5456	0.25	0.40	0.10	0.50~1.0	4.7~5.5	0.05~0.20		0.25		0.20		0.05	0.15	余量	
103	5082	0.20	0.35	0.10	0.15	4.0~5.0	0.15		0.25		0.10		0.05	0.15	余量	
104	5182	0.20	0.35	0.15	0.20~0.50	4.0~5.0	0.10		0.25		0.10		0.05	0.15	余量	
105	5083	0.40	0.40	1.0		4.0~4.9	0.05~0.25		0.25		0.15		0.05	0.15	余量	LF4
106	5183	0.40	0.40	0.10	0.50~1.0	4.3~5.2	0.05~0.25		0.25	①	0.15		0.05	0.15	余量	

续附录Ⅳ

序号	牌号	化学成分(质量分数)/%											其他		Al	备注
		Si	Fe	Cu	Mn	Mg	Cr	Ni	Zn		Ti	Zr	单个	合计		
107	5086	0.40	0.50	0.10	0.20~0.7	3.5~4.5	0.05~0.25		0.25		0.15		0.05	0.15	余量	
108	6A02	0.50~1.2	0.50	0.20~0.6	Cr 0.15~0.35	0.45~0.9			0.20		0.15		0.05	0.10	余量	LD2
109	6B02	0.70~1.1	0.40	0.10~0.40	0.10~0.30	0.40~0.8			0.15		0.01~0.04		0.05	0.10	余量	LD2-1
110	6A51	0.50~0.7	0.50	0.15~0.35		0.45~0.6			0.25	Sn 0.15~0.35	0.01~0.04		0.05	0.15	余量	
111	6101	0.30~0.7	0.50	0.10	0.03	0.35~0.8	0.03		0.10	B 0.06			0.05	0.10	余量	
112	6101A	0.30~0.7	0.40	0.05		0.40~0.9			0.10				0.03	0.10	余量	
113	6005	0.6~0.9	0.35	0.10	0.1	0.40~0.6	0.1		0.10		0.10		0.05	0.15	余量	
114	6005A	0.50~0.9	0.35	0.30	0.5	0.40~0.7	0.30		0.20	Mn+Cr 0.12~0.50	0.10		0.05	0.15	余量	
115	6351	0.7~1.3	0.50	0.10	0.40~0.8	0.40~0.8			0.20		0.20		0.05	0.15	余量	

化学成分(质量分数)/%

序号	牌号	Si	Fe	Cu	Mn	Mg	Cr	Ni	Zn	Ti	Zr	其他 单个	其他 合计	Al	备注
116	6060	0.30~0.6	0.10~0.3	0.10	0.10	0.35~0.6	0.05		0.15	0.10		0.05	0.15	余量	
117	6061	0.40~0.8	0.7	0.15~0.40	0.15	0.8~1.2	0.04~0.35		0.25	0.15		0.05	0.15	余量	LD30
118	6063	0.20~0.6	0.35	0.10	0.10	0.45~0.9	0.10		0.10	0.10		0.05	0.15	余量	LD31
119	6063A	0.30~0.6	0.15~0.35	0.10	0.15	0.6~0.9	0.05		0.15	0.10		0.05	0.15	余量	
120	6070	1.0~1.7	0.50	0.15~0.40	0.40~1.0	0.50~1.2	0.10		0.25	0.15		0.05	0.15	余量	LD2-2
121	6181	0.8~1.2	0.45	0.10	0.15	0.6~1.0	0.10		0.20	0.10		0.05	0.15	余量	
122	6082	0.7~1.3	0.50	0.10	0.40~1.0	0.6~1.2	0.25		0.20	0.10		0.05	0.15	余量	
123	7A01	0.30	0.30	0.01				Si+Fe 0.45	0.9~1.3			0.03		余量	LB1
124	7A03	0.20	0.20	1.8~2.4	0.10	1.2~1.6	0.05		6.0~6.7	0.02~0.08		0.05	0.10	余量	LC3
125	7A04	0.50	0.50	1.4~2.0	0.20~0.6	1.8~2.8	0.10~0.25		5.0~7.0	0.10		0.05	0.10	余量	LC4

续附录Ⅳ

序号	牌号	化学成分(质量分数)/%												其他		Al	备注
		Si	Fe	Cu	Mn	Mg	Cr	Ni	Zn		Ti	Zr	单个	合计		
126	7A05	0.25	0.25	0.20	0.15~0.40	1.1~1.7	0.05~0.15		4.4~5.0		0.02~0.06	0.10~0.25	0.05	0.15	余量	
127	7A09	0.50	0.50	1.2~2.0	0.15	2.0~3.0	0.16~0.30		5.1~6.1		0.10		0.05	0.10	余量	LC9
128	7A10	0.30	0.30	0.50~1.0	0.20~0.35	3.0~4.0	0.10~0.20		3.2~4.2		0.10		0.05	0.10	余量	LC10
129	7A15	0.50	0.50	0.50~1.0	0.10~0.40	2.4~3.0	0.10~0.30		4.4~5.4	Be 0.005~0.01	0.05~0.15		0.05	0.15	余量	LC15
130	7A19	0.30	0.40	0.08~0.30	0.30~0.50	1.3~1.9	0.10~0.20		4.5~5.3	Be 0.0001~0.004②		0.08~0.20	0.05	0.15	余量	LC19
131	7A31	0.30	0.6	0.10~0.40	0.20~0.40	2.5~3.3	0.10~0.20		3.6~4.5	Be 0.0001~0.001②	0.02~0.10	0.08~0.25	0.05	0.15	余量	
132	7A33	0.25	0.30	0.25~0.55	0.05	2.2~2.7	0.10~0.20		4.6~5.4		0.05		0.05	0.10	余量	
133	7A52	0.25	0.30	0.05~0.20	0.20~0.50	2.0~2.8	0.15~0.25		4.0~4.8		0.05~0.18	0.05~0.15	0.05	0.15	余量	LC52
134	7003	0.30	0.35	0.20	0.30	0.50~1.0	0.20		5.0~6.5		0.20	0.05~0.25	0.05	0.15	余量	LC12
135	7005	0.35	0.40	0.10	0.20~0.7	1.0~1.8	0.06~0.20		4.0~5.0		0.01~0.06	0.08~0.20	0.05	0.15	余量	

续附录Ⅳ

序号	牌号	化学成分(质量分数)/%												其他		Al	备注
---	---	---	---	---	---	---	---	---	---	---	---	---	---	单个	合计		
		Si	Fe	Cu	Mn	Mg	Cr	Ni	Zn		Ti	Zr					
136	7020	0.35	0.40	0.20	0.05~0.50	1.0~1.4	0.10~0.35		4.0~5.0	Zr+Ti 0.08~0.25		0.08~0.20		0.05	0.15	余量	
137	7022	0.50	0.50	0.50~1.0	0.10~0.40	2.6~3.7	0.10~0.30		4.3~5.2	Zr+Ti 0.20				0.05	0.15	余量	
138	7050	0.12	0.15	2.0~2.6	0.10	1.9~2.6	0.04		5.7~6.7		0.06	0.08~0.15		0.05	0.15	余量	
139	7075	0.40	0.50	1.2~2.0	0.30	2.1~2.9	0.18~0.28		5.1~6.1	⑤	0.20			0.05	0.15	余量	
140	7475	0.10	0.12	1.2~1.9	0.06	1.9~2.6	0.18~0.25		5.2~6.2		0.06			0.05	0.15	余量	
141	8A06	0.55	0.50	0.10	0.10	0.10			0.10	Fe+Si 1.0				0.05	0.15	余量	L6
142	8011	0.50~0.9	0.6~1.0	0.10	0.20	0.05	0.05		0.10		0.08			0.05	0.15	余量	
143	8090	0.20	0.30	1.0~1.6	0.10	0.6~1.3	0.10		0.25	Li 2.2~2.7	0.10	0.04~0.16		0.05	0.15	余量	

①用于电焊条和焊带、焊丝时，铍含量不大于0.0008%。
②铍含量均按规定量加入，可不做分析。
③仅在供需双方商定量时，对挤压和锻造产品规定 Ti+Zr含量不大于0.20%。
④作铆钉线材的3A21合金的锌含量应不大于0.03%。
⑤仅在供需双方商定时，对挤压和锻造产品规定 Ti+Zr含量不大于0.25%。

附录Ⅴ　中国变形铝合金牌号及与之近似对应的国外牌号

中国 （GB）	美国 （AA）	加拿大 （CSA）	法国 （NF）	英国 （BS）	德国 （DIN）	日本 （JIS）	俄罗斯 （ГОСТ）	欧洲铝业协会 （EAA）	国际 （ISO）
				1199					1199
1A99	1199	9999	A9	（S1）	AI99.98R	AIN99	（AB000）		AI99.90
（LG5）					3.0385				
1A97							（AB00）		
（LG4）									
1A95	1195								
1A93	1193						（AB0）		
（LG3）									
1A90	1090				AI99.9	（AIN90）	（AB1）		1090
（LG2）					3.0305				
1A85	1085		A8	1A	AI99.8	A1080	（AB2）		1080
（LG1）					3.0285	（AI×s）			AI99.80
1080	1080	9980	A8	1A	AI99.8	A1080			1080
1080A			1080A		3.0285	（AI×s）		1080A	AI99.80
1070	1070	9970	A7	2L.48	AI99.7	A1070	（A00）		1070

续附录 V

中国 (GB)	美国 (AA)	加拿大 (CSA)	法国 (NF)	英国 (BS)	德国 (DIN)	日本 (JIS)	俄罗斯 (ГОСТ)	欧洲铝业协会 (EAA)	国际 (ISO)
1070A					3.0275	(Al×0)			Al99.70
(L1)			1070A		Al99.7		(A00)	1070A	1070
1370			1370		3.0275				Al99.70(Zn)
1060	1060				Al99.6	A1060	(A0)		1060
(L2)						(ABC×1)			
1050	1050	1050	A5	1B	Al99.5	A1050	1011		1050
		(995)			3.0255	(Al×1)	(АД0,Al)		Al99.50
1050A	1050	1050	1050A	1B	Al99.5	A1050	1011	1050A	1050
(L3)		(995)			3.0255	(Al×1)	(АД0,Al)		Al99.50(Zn)
1A50	1350								
1350	1350								
1145	1145								
1035	1035								
(L4)									
1A30						(1N30)	1013		
(L4-1)							(АД1)		

续附录 V

中国 (GB)	美国 (AA)	加拿大 (CSA)	法国 (NF)	英国 (BS)	德国 (DIN)	日本 (JIS)	俄罗斯 (ГОСТ)	欧洲铝业协会 (EAA)	国际 (ISO)
1100	1100	1100	A45	1200	Al99.0	Al100			1100
(15-1)		(990C)		(1C)		(Al×3)			Al99.0Cu
1200	1200	1200	A4		Al99	A1200	(A2)		1200
(L5)		(900)			3.0205				Al99.00
1235	1235								
2A01	2117	2117	A-U2G		AlCu2.5Mg0.5	A2117	1180		2117
(LY1)		(CG30)			3.1305		(Д18)		AlCu2.5Mg
							1170		
2A02							(ВД17)		
(LY2)									
2A04							1191		
(LY4)							(Д19П)		
2A06							1190		
(LY6)							(Д19)		
2A10							1165		
(LY10)							(B65)		
2A11	2017	CM41	A-U4G	(H15)	AlCuMg1	A2017	1110		2017A

续附录 V

中国 （GB）	美国 （AA）	加拿大 （CSA）	法国 （NF）	英国 （BS）	德国 （DIN）	日本 （JIS）	俄罗斯 （ГОСТ）	欧洲铝业协会 （EAA）	国际 （ISO）
（LY11）					3.1325		（Д1）		AlCu4Mg1Si
2B11	2017	CM41	A-U4G				1111		
（LY8）							（Д1П）		
2A12	2024	2024	A-U4G1	GB-24S	AlCuMg2	A2024	1160		2024
（LY12）		（CG42）			3.1355	（A3×4）	（Д16）		AlCu4Mg1
2B12							1161		
（LY9）							（Д16П）		
2A13									
（LY13）									
2A14	2014	2014	A-U4SG	2014A	AlCuSiMn	A2014	1380		2014
（LD10）		（CS41N）		（H15）	3.1255		（АК8）		AlCu4SiMg
2A16									
（LY16）	2219		A-U6MT				（Д20）		AlCu6Mn
2B16									
（LY16-1）									
2A17							（Д21）		
（LY17）									

续附录 V

中国（GB）	美国（AA）	加拿大（CSA）	法国（NF）	英国（BS）	德国（DIN）	日本（JIS）	俄罗斯（ГОСТ）	欧洲铝业协会（EAA）	国际（ISO）
2A20									
（LY20）									
2A21									
（214）									
（225）									
2A49									
（149）									
2A50							1360		
（LD5）							（AK6）		
2B50							（AK6-1）		
（LD6）									
2A70	2618		A-U2GN	2618A		2N01	1141		2618
（LD7）				（H16）		（A4×3）	（AK4-1）		AlCu2MgNi
2B70									
（LD7-1）									
2A80							1140		

续附录 V

中国 (GB)	美国 (AA)	加拿大 (CSA)	法国 (NF)	英国 (BS)	德国 (DIN)	日本 (JIS)	俄罗斯 (ГОСТ)	欧洲铝业协会 (EAA)	国际 (ISO)
(LD8)							(AK4)		
2A90	2018	2018	A-U4N	6L.25		A2018	1120		2018
(LD9)		(CN42)				(A4×1)	(AK2)		
2004				2004					
2011	2011	2011			AlCuBiPb	2011			
		(CB60)			3.1655				
2014	2014	2014	A-U4SG	2014A	AlCuSiMn	A2014			2014
		(CS41N)		(H15)	3.1255	(A3×1)			Al-Cu4SiMg
2014A									
2214	2214								
2017	2017	CM41	A-U4G	H14	AlCuMg1	A2017			
				5L.37	3.1325	(A3×2)			
2017A								2017A	
2117	2117	2117	A-U2G	L.86	AlCuMg0.5	A2117			2117
		(CG30)			3.1305	(A3×3)			
2218	2218		A-U4N	6L.25		A2218			Al-Cu2Mg

续附录Ⅴ

中国(GB)	美国(AA)	加拿大(CSA)	法国(NF)	英国(BS)	德国(DIN)	日本(JIS)	俄罗斯(ГOCT)	欧洲铝业协会(EAA)	国际(ISO)
2618	2618		A-U2GN	H18		(A4×2)			
				4L.42		2N01			
2219 (LY19,147)	2219					(2618)			
2024	2024	2024	A-U4G1		AlCuMg2	A2024			2024
2124	2124	(CG42)			3.1355	(A3×4)			Al-Cu4Mg1
3A21	3003	M1	A-M1	3103	AlMnCu	A3003	1400		3103
(LF21)				(N3)	3.0515	(A2×3)	(AMц)		Al-Mn1
3003	3003	3003	A-M1	3103	AlMnCu	A3003			3003
				(N3)	3.0515	(A2×3)			
3103		(MC10)						3103	Al-Mn1Cu
3004	3004		A-M1G						
3005	3005		A-MG05						
3105	3105								

续附录 V

中国 (GB)	美国 (AA)	加拿大 (CSA)	法国 (NF)	英国 (BS)	德国 (DIN)	日本 (JIS)	俄罗斯 (ГОСТ)	欧洲铝业协会 (EAA)	国际 (ISO)
4A01	4043	S5	A-S5	4043A	AlSi5	A4043	AK		4043
(LT1)				(N21)					(AlSi5)
4A11	4032	SG121	A-S12UN	(38S)		A4032	1390		4032
(LD11)						(A4×5)	(АК9)		
4A13	4343					A4343			4343
(LT13)									
4A17	4047	S12	A-S12	4047A	AlSi12	A4047			4047
(LT17)				(N2)					(AlSi12)
4004	4004								
4032	4032	SG121	A-S12UN		3.2345	A4032			
						(A4×5)			
4043	4043	S5		4043A	AlSi5	A4043			
				(N21)					
4043A								4043A	
4047	4047	S12		4047A		A4047			
				(N2)					

续附录 V

中国 (GB)	美国 (AA)	加拿大 (CSA)	法国 (NF)	英国 (BS)	德国 (DIN)	日本 (JIS)	俄罗斯 (ГОСТ)	欧洲铝业协合 (EAA)	国际 (ISO)
4047A								4047A	
5A01 (2101,LF15)									
5A02	5052	5052	A-G2C	5251	AlMg2.5	A5052	1520		5052
(LF2)		(GR20)		(N4)	3.3523	(A2×1)	(АМг2)		AlMg2.5
5A03	5154	GR40	A-G3M	5154A	AlMg3	A5154	1530		5154
(LF3)				(N5)	3.3535	(A2×9)	(АМг3)		AlMg3
5A05	5456	GM50R	A-G5	5556A	AlMg5	A5456	1550		5456
(LF5)				(N61)			(АМг5)		AlMg5Mn0.4
5B05							1551		
(LF10)							(АМг5П)		
5A06							1560		
(LF6)							(АМг6)		
5B06									
(LF14)									
5A12									

续附录 V

中国 (GB)	美国 (AA)	加拿大 (CSA)	法国 (NF)	英国 (BS)	德国 (DIN)	日本 (JIS)	俄罗斯 (ГОСТ)	欧洲铝业协会 (EAA)	国际 (ISO)
(LF12)									
5A13									
(LF13)									
5A30									
(2103,LF16)									
5A33									
(LF33)									
5A41									
(LT41)									
5A43	5457					A5457			5457
(LF43)									
5A66									
(LT66)									
5005	5005		A-G0.6	5251	AlMg1	A5005			
5019				(N4)	3.3515	(A2×8)		5019	

续附录 V

中国 (GB)	美国 (AA)	加拿大 (CSA)	法国 (NF)	英国 (BS)	德国 (DIN)	日本 (JIS)	俄罗斯 (ГОСТ)	欧洲铝业协会 (EAA)	国际 (ISO)
5050	5050		A-G1	3L 44	AlMg1				
					3.3515				
5251								5251	5251
5052	5052	5052	A-G2	2L 55	AlMg2	A5052			
		(GR20)		2L 56, L 80	3.3515	(A2×1)			Al-Mg2
5154	5154	GR40	A-G3	L 82	AlMg3	A5154			5154
					3.3535	(A2×9)			Al-Mg3
5154A	5154A								
5454	5454								
5554	5554	GM31P	A-G5			A5554			
5754	5754								
5056	5056	5056		5056A	AlMg5	A5056			5056A
(LF5-1)		(GM50R)		(N6,2L 58)	3.3555	(A2×2)			Al-Mg5
5356	5356	5356		5056A	AlMg5	A5356			
		(GM50P)		(N6,2L 58)	3.3555				

续附录 V

中国 (GB)	美国 (AA)	加拿大 (CSA)	法国 (NF)	英国 (BS)	德国 (DIN)	日本 (JIS)	俄罗斯 (ГОСТ)	欧洲铝业协会 (EAA)	国际 (ISO)
5456	5456								
5082	5082								
5182	5182								
5083	5083	5083		5083	AlMg4.5Mn	A5083	1540		5083
(LF4)		(GM41)		(N8)	3.3547	(A2×7)	(AMr4)		Al-Mg4.5Mn0.7
5183	5183		A-G5	(N6)		A5183			Al-Mg5
5086	5086		A-G4MC						5086 Al-Mg4
6A02	6151	(SG11P)				A6151	1340		6151
(LD2)						(A2×6)	(AB)		
6B02									
(LD2-1)									
6A51									
(651)				(91E)	3.2307	(ABC×2)			
6101	6101		A-GS/L	6101A	E-AlMgSi0.5	A6101			

续附录 V

中国 (GB)	美国 (AA)	加拿大 (CSA)	法国 (NF)	英国 (BS)	德国 (DIN)	日本 (JIS)	俄罗斯 (ГОСТ)	欧洲铝业协会 (EAA)	国际 (ISO)
6101A				6101A					
				(91E)					
6005	6005								
6005A			6005A						
6351	6351	6351	A-SGM	6082	AlMgSi1				6351
6060		(SG11R)		(H30)	3.2351			6060	Al-SiMg
6061	6061	6061	A-GSUC	6061	AlMgSiCu	A6061	1330		6061
(LD30)		(GS11N)		(H20)	3.3211	(A2×4)	(АД33)		AlMg1SiCu
6063	6063	6063	A-GS	6063	AlMgSi0.5	A6063	1310		6063
(LD31)		(GS10)		(H19)	3.3205	(A2×5)	(АД31)		AlMg0.7Si
6063A				6063A					
6070	6070								
(LD2-2)									
6181								6181	
6082								6082	
7A01	7072				AlZn1	A7072			

续附录 V

中国 (GB)	美国 (AA)	加拿大 (CSA)	法国 (NF)	英国 (BS)	德国 (DIN)	日本 (JIS)	俄罗斯 (ГОСТ)	欧洲铝业协会 (EAA)	国际 (ISO)
(LB1)									
7A03	7178				3.4415		1940		AlZn7MgCu
(LC3)							(B94)		
7A04							1950		
(LC4)							(B95)		
7A05									
(705)									
7A09	7075	7075	A-ZSGU	195	AlZnMgCu1.5	A7075			7075
(LC9)		(ZG62)							AlZn5.5MgCu
7A10	7079				AlZnMgCu0.5	A7N11			
(LC10)					3.4345				
7A15									
(LC15,157)									
7A19									
(919,LC19)									
7A31									
(183-1)									
7A33									
(LB733)									
7A52									

续附录 V

中国 (GB)	美国 (AA)	加拿大 (CSA)	法国 (NF)	英国 (BS)	德国 (DIN)	日本 (JIS)	俄罗斯 (ГОСТ)	欧洲铝业协会 (EAA)	国际 (ISO)
(LC52,5210)									
7003						A7003			
(LC12)									
7005	7005					7N01			
7020								7020	
7022								7022	
7050	7050								
7075	7075	7075	A-Z5GU		AlZnMgCu1.5	A7075			
		(ZG62)			3.4365	(A3×6)			
7475	7475								
8A06							АД		
(L6)									
8011	8011								
(LT98)									
8090								8090	

注: 1. GB—中国国家标准,AA—美国铝业协会,CSA—加拿大铝业协会,ГОСТ—俄罗斯(前苏联)国家标准,EAA—欧洲铝业协会,JIS—日本工业标准,NF—法国国家标准,BS—英国国家标准,DIN—德国工业标准,ISO—国际标准化组织;

2. 各国牌号中括号内的是旧牌号;

3. 德国工业标准和国际标准化组织的铝合金牌号有两种表示法,一种是用字母、元素符号与数字表示,另一种是完全用数字表示;

4. 表内列出的各国相关牌号只是近似对应的,仅供参考。

附录Ⅵ 一般工业用铝及铝合金板、带材力学性能

牌号	包铝分类	供应状态	试样状态	厚度① /mm	抗拉强度②R_m /MPa	规定非比例延伸强度②$R_{p0.2}$ /MPa	断后伸长率/% A_{50mm}	断后伸长率/% $A_{5.65}^{③}$	弯曲半径④
						不小于			
1A97		H112	H112	>4.50~80.00	附实测值				
1A93		F		>4.50~150.00					
1A90				>4.50~12.50		60		21	
		H112	H112	>12.50~20.00					19
1A85				>20.00~80.00	附实测值				
		F		>4.50~150.00					
1235		H12	H12	>0.20~0.30				2	
		H22	H22	>0.30~0.50				3	
				>0.50~1.50	95~130			6	
				>1.50~3.00				8	
				>3.00~4.50				9	
		H14	H14	>0.20~0.30				1	
		H24	H24	>0.3~0.5	115~150			2	
				>0.50~1.50				3	
				>1.50~3.00				4	
		H16	H16	>0.20~0.50				1	
		H26	H26	>0.50~1.50	130~165			2	
				>1.50~4.00				3	
				>0.20~0.50				1	
		H18	H18	>0.50~1.50	145			2	
				>1.50~3.00				3	

续附录Ⅵ

牌号	包铝分类	供应状态	试样状态	厚度①/mm	抗拉强度② R_m/MPa	规定非比例延伸强度② $R_{p0.2}$/MPa	断后伸长率/%		弯曲半径④
							A_{50mm}	$A_{5.65}^{③}$	
					不小于				
1070牌号1070		O	O	>0.20~0.30	55~95	15	15		0t
				>0.30~0.50			20		0t
				>0.50~0.80			25		0t
				>0.80~1.50			30		0t
				>1.50~6.00			35		0t
				>6.00~12.50			35		0t
				>12.50~50.00				30	
		H12 H22	H12 H22	>0.20~0.30	70~110	55	2		0t
				>0.30~0.50			3		0t
				>0.50~0.80			4		0t
				>0.80~1.50			6		0t
				>1.50~3.00			8		0t
				>3.00~6.00			9		0t
		H14 H24	H14 H24	>0.20~0.30	85~120	65	1		0.5t
				>0.30~0.50			2		0.5t
				>0.50~0.80			3		0.5t
				>0.80~1.50			4		1.0t
				>1.50~3.00			5		1.0t
				>3.00~6.00			6		1.0t
		H16 H26	H16 H26	>0.20~0.50	100~135	75	1		1.0t
				>0.50~0.80			2		1.0t
				>0.80~1.50			3		1.5t
				>1.50~4.00			4		1.5t
		H18	H18	>0.20~0.50	120		1		
				>0.50~0.80			2		
				>0.80~1.50			3		
				>1.50~3.00			4		
		H112	H112	>4.50~6.00	75	35	13		
				>6.00~12.50	70	35	15		
				>12.50~25.00	60	25		20	
				>25.00~75.00	55	15		25	
		F		>2.50~150.00					

续附录Ⅵ

牌号	包铝分类	供应状态	试样状态	厚度①/mm	抗拉强度②R_m/MPa	规定非比例延伸强度②$R_{p0.2}$/MPa	断后伸长率/% A_{50mm}	断后伸长率/% $A_{5.65}$③	弯曲半径④
						不小于			
1060		O	O	>0.20~0.30	60~100	15	15		
				>0.30~0.50			18		
				>0.50~1.50			23		
				>1.50~6.00			25		
				>6.00~80.00			25	22	
		H12 H22	H12 H22	>0.50~1.50	80~120	60	6		
				>1.50~6.00			12		
		H14 H24	H14 H24	>0.20~0.30	95~135	70	1		
				>0.30~0.50			2		
				>0.50~0.80			2		
				>0.80~1.50			4		
				>1.50~3.00			6		
				>3.00~6.00			10		
		H16 H26	H16 H26	>0.20~0.30	110~155	75	1		
				>0.30~0.50			2		
				>0.50~0.80			2		
				>0.80~1.50			3		
				>1.50~4.00			5		
		H18	H18	>0.20~0.30	125	85	1		
				>0.30~0.50			2		
				>0.50~1.50			3		
				>1.50~3.00			4		
		H112	H112	>4.50~6.00	75		10		
				>6.00~12.50	75		10		
				>12.50~40.00	70			18	
				>40.00~80.00	60			22	
		F		>2.50~150.00					

续附录Ⅵ

牌号	包铝分类	供应状态	试样状态	厚度① /mm	抗拉强度②R_m /MPa	规定非比例延伸强度②$R_{p0.2}$ /MPa	断后伸长率/% A_{50mm}	$A_{5.65}$③	弯曲半径④
						不小于			
1050		O	O	>0.20~0.50	60~100	20	15		0t
				>0.50~0.80			20		0t
				>0.80~1.50			25		0t
				>1.50~6.00			30		0t
				>6.00~50.00			28	28	
		H12 H22	H12 H22	>0.20~0.30	80~120	65	2		0t
				>0.30~0.50			3		0t
				>0.50~0.80			4		0t
				>0.80~1.50			6		0.5t
				>1.50~3.00			8		0.5t
				>3.00~6.00			9		0.5t
		H14 H24	H14 H24	>0.20~0.30	95~130	75	1		0.5t
				>0.30~0.50			2		0.5t
				>0.50~0.80			3		0.5t
				>0.80~1.50			4		1.0t
				>1.50~3.00			5		1.0t
				>3.00~6.00			6		1.0t
		H16 H26	H16 H26	>0.20~0.50	120~150	85	1		2.0t
				>0.50~0.80			2		2.0t
				>0.80~1.50			3		2.0t
				>1.50~4.00			4		2.0t
		H18	H18	>0.20~0.50	130		1		
				>0.50~0.80			2		
				>0.80~1.50			3		
				>1.50~3.00			4		
		H112	H112	>4.50~6.00	85	45	10		
				>6.00~12.50	80	45	10		
				>12.50~25.00	70	35		16	
				>25.00~50.00	65	30		22	
				>50.00~75.00	65	20		22	
		F		>2.50~150.00					

续附录Ⅵ

牌号	包铝分类	供应状态	试样状态	厚度① /mm	抗拉强度②R_m /MPa	规定非比例延伸强度②$R_{p0.2}$ /MPa	断后伸长率/%		弯曲半径④
							A_{50mm}	$A_{5.65}^{③}$	
						不小于			
1050A		O	O	>0.20~0.50	>65~95	20	20		0t
				>0.50~1.50			22		0t
				>1.50~3.00			26		0t
				>3.00~6.00			29		0.5t
				>6.00~12.50			35		
				>12.50~50.00				32	
		H12	H12	>0.20~0.50	>85~125	65	2		0t
				>0.50~1.50			4		0t
				>1.50~3.00			5		0.5t
				>3.00~6.00			7		1.0t
		H22	H22	>0.20~0.50	>85~125	55	4		0t
				>0.50~1.50			5		0t
				>1.50~3.00			6		0.5t
				>3.00~6.00			11		1.0t
		H14	H14	>0.20~0.50	>105~145	85	2		0t
				>0.50~1.50			3		0.5t
				>1.50~3.00			4		1.0t
				>3.00~6.00			5		1.5t
		H24	H24	>0.20~0.50	>105~145	75	3		0t
				>0.50~1.50			4		0.5t
				>1.50~3.00			5		1.0t
				>3.00~6.00			8		1.5t
		H16	H16	>0.20~0.50	>120~160	100	1		0.5t
				>0.50~1.50			2		1.0t
				>1.50~4.00			3		1.5t
		H26	H26	>0.20~0.50	>120~160	90	2		0.5t
				>0.50~1.50			3		1.0t
				>1.50~4.00			4		1.5t
		H18	H18	>0.20~0.50	140	120	1		1.0t
				>0.50~1.50			2		2.0t
				>1.50~3.00			2		3.0t
		H112	H112	>4.50~12.50	75	30	20		
				>12.50~75.00	70	25		20	
		F		>2.50~150.00					

牌号	包铝分类	供应状态	试样状态	厚度①/mm	抗拉强度②R_m/MPa	规定非比例延伸强度②$R_{p0.2}$/MPa	断后伸长率/%		弯曲半径④
							A_{50mm}	$A^{③}_{5.65}$	
						不小于			
1145		O	O	>0.20~0.50	60~100	20	15		
				>0.50~0.80			20		
				>0.80~1.50			25		
				>1.50~6.00			30		
				>6.00~10.00			28		
		H12	H12	>0.20~0.30	80~120	65	2		
		H22	H22	>0.30~0.50			3		
				>0.50~0.80			4		
				>0.80~1.50			6		
				>1.50~3.00			8		
				>3.00~4.50			9		
		H14	H14	>0.20~0.30	95~125	75	1		
		H24	H24	>0.30~0.50			2		
				>0.50~0.80			3		
				>0.80~1.50			4		
				>1.50~3.00			5		
				>3.00~4.50			6		
		H16	H16	>0.20~0.50	120~145	85	1		
		H26	H26	>0.50~0.80			2		
				>0.80~1.50			3		
				>1.50~4.50			4		
		H18	H18	>0.20~0.50	125		1		
				>0.50~0.80			2		
				>0.80~1.50			3		
				>1.50~4.50			4		
		H112	H112	>4.50~6.50	85	45	10		
				>6.50~12.50	80	45	10		
				>12.50~25.00	70	35		16	
		F		>2.50~150.00					

续附录Ⅵ

牌号	包铝分类	供应状态	试样状态	厚度①/mm	抗拉强度②R_m/MPa	规定非比例延伸强度②$R_{p0.2}$/MPa	断后伸长率/%		弯曲半径④
							A_{50mm}	$A^{③}_{5.65}$	
					不小于				
1100		O	O	>0.20~0.30	75~105	25	15		0t
				>0.30~0.50			17		0t
				>0.50~1.50			22		0t
				>1.50~6.00			30		0t
				>6.00~80.00			28	25	0t
		H12	H12	>0.20~0.50	95~130	75	3		0t
		H22	H22	>0.50~1.50			5		0t
				>1.50~6.00			8		0t
		H14	H14	>0.20~0.30	110~145	95	1		0t
		H24	H24	>0.30~0.50			2		0t
				>0.50~1.50			3		0t
				>1.50~4.00			5		0t
		H16	H16	>0.20~0.30	130~165	115	1		2t
		H26	H26	>0.30~0.50			2		2t
				>0.50~1.50			3		2t
				>1.50~4.00			4		2t
		H18	H18	>0.20~0.50	150		1		
				>0.50~1.50			2		
				>1.50~3.00			4		
		H112	H112	>6.00~12.50	90	50	9		
				>12.50~40.00	85	40		12	
				>40.00~80.00	80	30		18	
		F		>2.50~150.00					

牌号	包铝分类	供应状态	试样状态	厚度①/mm	抗拉强度②R_m/MPa	规定非比例延伸强度②$R_{p0.2}$/MPa	断后伸长率/%		弯曲半径④
							A_{50mm}	$A^{③}_{5.65}$	
					不小于				
1200		O	O	>0.20~0.50	75~105	25	19		0t
		H111	H111	>0.50~1.50			21		0t
				>1.50~3.00			24		0t
				>3.00~6.00			28		0.5t
				>6.00~12.50			33		1.0t
				>12.50~50.00				30	
		H12	H12	>0.20~0.50	95~135	75	2		0t
				>0.50~1.50			4		0t
				>1.50~3.00			5		0.5t
				>3.00~6.00			6		1.0t
		H14	H14	>0.20~0.50	115~155	95	2		0t
				>0.50~1.50			3		0.5t
				>1.50~3.00			4		1.0t
				>3.00~6.00			5		1.5t
		H16	H16	>0.20~0.50	130~170	115	1		0.5t
				>0.50~1.50			2		1.0t
				>1.50~4.00			3		1.5t
		H18	H18	>0.20~0.50	150	130	1		1.0t
				>0.50~1.50			2		2.0t
				>1.50~3.00			2		3.0t
		H22	H22	>0.20~0.50	95~135	65	4		0t
				>0.50~1.50			5		0t
				>1.50~3.00			6		0.5t
				>3.00~6.00			10		1.0t
		H24	H24	>0.20~0.50	115~155	90	3		0t
				>0.50~1.50			4		0.5t
				>1.50~3.00			5		1.0t
				>3.00~6.00			7		1.5t
		H26	H26	>0.20~0.50	130~170	105	2		0.5t
				>0.50~1.50			3		1.0t
				>1.50~4.00			4		1.5t
		H112	H112	6.00~12.50	85	35	16		
				>12.50~80.00	80	30		16	
		F		>2.50~150.00					

续附录Ⅵ

牌号	包铝分类	供应状态	试样状态	厚度①/mm	抗拉强度②R_m/MPa	规定非比例延伸强度②$R_{p0.2}$/MPa	断后伸长率/%		弯曲半径④
							A_{50mm}	$A_{5.65}^{③}$	
							不小于		
2017	正常包铝或工艺包铝	O	O	>0.50~1.50	≤215	≤110	12		0.5t
				>1.50~3.00					1.0t
				>3.00~6.00					1.5t
				>12.50~25.00				12	
			T42⑤	>0.50~1.50	355	195	15		
				>1.50~3.00			17		
				>3.00~6.50			15		
				>6.50~12.50	335	185	12		
				>12.50~25.00		185		12	
		T3	T3	>0.50~1.50	375	215	15		2.5t
				>1.50~3.00			17		3t
				>3.00~6.00			15		3.5t
		T4	T4	>0.50~1.50	355	195	15		2.5t
				>1.50~3.00			17		3t
				>3.00~6.00			15		3.5t
		H112	T42	>4.50~6.50		195	15		
				>6.50~12.50	355	185	12		
				>12.50~25.00		185		12	
				>25.00~40.00	330	195	8		
				>40.00~70.00	310	195	6		
				>70.00~80.00	285	195	4		
		F		>4.50~150.00					

牌号	包铝分类	供应状态	试样状态	厚度①/mm	抗拉强度②R_m/MPa	规定非比例延伸强度②$R_{p0.2}$/MPa	断后伸长率/%		弯曲半径④
							A_{50mm}	$A_{5.65}^③$	
					不小于				
2A11	正常包铝或工艺包铝	O	O	>0.50~3.00	≤225		12		
				>3.00~10.00	≤235		12		
			T42⑤	>0.50~3.00	350	185	15		
				>3.00~10.00	355	195	15		
		T3	T3	>0.50~1.50	375	215	15		
				>1.50~3.00			17		
				>3.00~10.00			15		
		T4	T4	>0.50~3.00	360	185	15		
				>3.00~10.00	370	195	15		
		H112	T42	>4.50~10.00	355	195	15		
				>10.00~12.50	370	215	11		
				>12.50~25.00	370	215		11	
				>25.00~40.00	330	195		8	
				>40.00~70.00	310	195		6	
				>70.00~80.00	285	195		4	
		F		>4.50~150.00					

续附录Ⅵ

牌号	包铝分类	供应状态	试样状态	厚度① /mm	抗拉强度②R_m /MPa	规定非比例延伸强度②$R_{p0.2}$ /MPa	断后伸长率/% A_{50mm}	断后伸长率/% $A_{5.65}^{③}$	弯曲半径④
						不小于			
2014	工艺包铝或不包铝	O	O	>0.50~12.50	≤220	≤110	16		
				>12.50~25.00	≤220			9	
		O	T62⑤	>0.50~1.00	440	395	6		
				1.00~6.00	455	400	7		
				6.00~12.50	460	405	7		
				>12.50~25.00	460	405		5	
			T42⑤	>0.50~12.50	400	235	14		
				>12.50~25.00	400	235		12	
		T6	T6	>0.50~1.00	440	395	6		
				>1.00~6.00	455	400	7		
				>6.00~12.50	460	405	7		
		T4	T4	>0.50~6.00	405	240	14		
				>6.00~12.50	400	250	14		
		T3	T3	>0.50~1.00	405	240	14		
				>1.00~6.00	405	250	14		
		F		>4.50~150.00					
	正常包铝	O	O	>0.50~12.50	≤205	≤95	16		
				>12.50~25.00	≤220			9	
		O	T62⑤	>0.50~1.00	425	370	7		
				1.00~12.50	440	395	8		
				>12.50~25.00	460	405		5	
			T42⑤	>0.50~1.00	370	215	14		
				>1.00~12.50	395	235	15		
				>12.50~25.00	400	235		12	
		T6	T6	>0.50~1.00	425	370	7		
				>1.00~12.50	440	395	8		
		T4	T4	>0.50~1.00	370	215	14		
				>1.00~6.00	395	235	15		
				>6.00~12.50	395	250	15		
		T3	T3	>0.50~1.00	380	235	14		
				>1.00~6.00	395	240	15		
		F		>4.50~150.00					

牌号	包铝分类	供应状态	试样状态	厚度①/mm	抗拉强度②R_m/MPa	规定非比例延伸强度②$R_{p0.2}$/MPa	断后伸长率/% A_{50mm}	断后伸长率/% $A_{5.65}^③$	弯曲半径④
					不小于				
	不包铝		O	>0.50~12.50	≤220	≤95	12		
				>12.50~45.00	≤220			10	
		O	T42⑤	>0.50~6.00	425	260	15		
				>6.00~12.50	425	260	12		
				>12.50~25.00	420	260		7	
			T62⑤	>0.50~12.50	440	345	5		
				>12.50~25.00	435	345		4	
		T3	T3	>0.50~6.00	435	290	15		
				>6.00~12.50	440	290	12		
		T4	T4	>0.50~6.00	425	275	15		
		F		>4.50~150.00					
2024	正常包铝或工艺包铝		O	>0.50~1.50	≤205	≤95	12		
				>1.50~12.50	≤220	≤95	12		
				>12.50~45.00	220			10	
		O	T42⑤	>0.50~1.50	395	235	15		
				>1.50~6.00	415	250	15		
				>6.00~12.50	415	250	12		
				>12.50~25.00	420	260		7	
				>25.00~40.00	415	260		6	
			T62⑤	>0.50~1.50	415	325	5		
				>1.50~12.50	425	335	5		
		T3	T3	>0.50~1.50	405	270	15		
				>1.50~6.00	420	275	15		
				>6.00~12.50	425	275	12		
		T4	T4	>0.50~1.50	400	245	15		
				>1.50~6.00	420	275	15		
		F		>4.50~150.00					

续附录Ⅵ

牌号	包铝分类	供应状态	试样状态	厚度① /mm	抗拉强度②R_m /MPa	规定非比例延伸强度②$R_{p0.2}$ /MPa	断后伸长率/%		弯曲半径④
							A_{50mm}	$A^③_{5.65}$	
						不小于			
3003		O	O	>0.20~0.50	95~140	35	15		0t
				>0.50~1.50			17		0t
				>1.50~3.00			20		0t
				>3.00~6.00			23		1.0t
				>6.00~12.50			24		1.5t
				>12.50~50.00				23	
		H12	H12	>0.20~0.50	120~160	90	3		0t
				>0.50~1.50			4		0.5t
				>1.50~3.00			5		1.0t
				>3.00~6.00			6		1.0t
		H14	H14	>0.20~0.50	145~195	125	2		0.5t
				>0.50~1.50			2		1.0t
				>1.50~3.00			3		1.0t
				>3.00~6.00			4		2.0t
		H16	H16	>0.20~0.50	170~210	150	1		1.0t
				>0.50~1.50			2		1.5t
				>1.50~4.00			2		2.0t
		H18	H18	>0.20~0.50	190	170	1		1.5t
				>0.50~1.50			2		2.5t
				>1.50~4.00			2		3.0t
		H22	H22	>0.20~0.50	120~160	80	6		0t
				>0.50~1.50			7		0.5t
				>1.50~3.00			8		1.0t
				>3.00~6.00			9		1.0t
		H24	H24	>0.20~0.50	145~195	115	4		0.5t
				>0.50~1.50			4		1.0t
				>1.50~3.00			5		1.0t
				>3.00~6.00			6		2.0t
		H26	H26	>0.20~0.50	170~210	140	2		1.0t
				>0.50~1.50			3		1.5t
				>1.50~4.00			3		2.0t
		H28	H28	>0.20~0.50	190	160	2		1.5t
				>0.50~1.50			2		2.5t
				>1.50~3.00			3		3.0t
		H112	H112	>6.00~12.50	115	70	10		
				>12.50~80.00	100	410		18	
		F		>2.50~150.00					

续附录Ⅵ

牌号	包铝分类	供应状态	试样状态	厚度①/mm	抗拉强度②R_m/MPa	规定非比例延伸强度②$R_{p0.2}$/MPa	断后伸长率/%		弯曲半径④
							A_{50mm}	$A_{5.65}^{③}$	
						不小于			
3004		O	O	>0.20~0.50	155~200	60	13		0t
3104		H111	H111	>0.50~1.50			14		0t
				>1.50~3.00			15		0t
				>3.00~6.00			16		1.0t
				>6.00~12.50			16		2.0t
				>12.50~50.00				14	
		H12	H12	>0.20~0.50	190~240	155	2		0t
				>0.50~1.50			3		0.5t
				>1.50~3.00			4		1.0t
				>3.00~6.00			5		1.5t
		H14	H14	>0.20~0.50	220~265	180	1		0.5t
				>0.50~1.50			2		1.0t
				>1.50~3.00			2		1.5t
				>3.00~6.00			3		2.0t
		H16	H16	>0.20~0.50	240~285	200	1		1.0t
				>0.50~1.50			1		1.5t
				>1.50~3.00			2		2.5t
		H18	H18	>0.20~0.50	260	230	1		1.5t
				>0.50~1.50			1		2.5t
				>1.50~3.00			2		
		H22 H32	H22 H32	>0.20~0.50	190~240	145	4		0t
				>0.50~1.50			5		0.5t
				>1.50~3.00			6		1.0t
				>3.00~6.00			7		1.5t
		H24 H34	H24 H34	>0.20~0.50	220~265	170	3		0.5t
				>0.50~1.50			4		1.0t
				>1.50~3.00			4		1.5t
		H26 H36	H26 H36	>0.20~0.50	240~285	190	3		1.0t
				>0.50~1.50			3		1.5t
				>1.50~3.00			3		2.5t
		H28 H38	H28 H38	>0.20~0.50	260	220	2		1.5t
				>0.50~1.50			3		2.5t
		H112	H112	>6.00~12.50	160	60	7		
				>12.50~40.00				6	
				>40.00~80.00				6	
		F		>2.50~80.00					

续附录Ⅵ

牌号	包铝分类	供应状态	试样状态	厚度①/mm	抗拉强度②R_{m}/MPa	规定非比例延伸强度②$R_{\mathrm{p0.2}}$/MPa	断后伸长率/% $A_{50\mathrm{mm}}$	$A_{5.65}^{③}$	弯曲半径④
						不小于			
3005		O	O	>0.20~0.50	115~165	45	12		0t
		H111	H111	>0.50~1.50			14		0t
				>1.50~3.00			16		0.5t
				>3.00~6.00			19		1.0t
		H12	H12	>0.20~0.50	145~195	125	3		0t
				>0.50~1.50			4		0.5t
				>1.50~3.00			4		1.0t
				>3.00~6.00			5		1.5t
		H14	H14	>0.20~0.50	170~215	150	1		0.5t
				>0.50~1.50			2		1.0t
				>1.50~3.00			2		1.5t
				>3.00~6.00			3		2.0t
		H16	H16	>0.20~0.50	195~240	175	1		1.0t
				>0.50~1.50			2		1.5t
				>1.50~4.00			2		2.5t
		H18	H18	>0.20~0.50	220	200	1		1.5t
				>0.50~1.50			2		2.5t
				>1.50~3.00			2		
		H22	H22	>0.20~0.50	145~195	110	5		0t
				>0.50~1.50			5		0.5t
				>1.50~3.00			6		1.0t
				>3.00~6.00			7		1.5t
		H24	H24	>0.20~0.50	170~215	130	4		0.5t
				>0.50~1.50			4		1.0t
				>1.50~3.00			4		1.5t
		H26	H26	>0.20~0.50	195~240	160	3		1.0t
				>0.50~1.50			3		1.5t
				>1.50~3.00			3		2.5t
		H28	H28	>0.20~0.50	220	190	2		1.5t
				>0.50~1.50			2		2.5t
				>1.50~3.00			3		

牌号	包铝分类	供应状态	试样状态	厚度①/mm	抗拉强度②R_m/MPa	规定非比例延伸强度②$R_{p0.2}$/MPa	断后伸长率/%		弯曲半径④
							A_{50mm}	$A^{③}_{5.65}$	
					不小于				
3105			O	>0.20~0.50			14		0t
		H111	H111	>0.50~1.50	100~155	40	15		0t
				>1.50~3.00			17		0.5t
		H12	H12	>0.20~0.50			3		1.5t
				>0.50~1.50	130~180	105	4		1.5t
				>1.50~3.00			4		1.5t
		H14	H14	>0.20~0.50			2		2.5t
				>0.50~1.50	150~200	130	2		2.5t
				>1.50~3.00			2		2.5t
		H16	H16	>0.20~0.50			1		
				>0.50~1.50	175~225	160	2		
				>1.50~3.00			2		
		H18	H18	>0.20~3.00	195	180	1		
		H22	H22	>0.20~0.50			6		
				>0.50~1.50	130~180	105	6		
				>1.50~3.00			7		
		H24	H24	>0.20~0.50			4		2.5t
				>0.50~1.50	150~200	120	4		2.5t
				>1.50~3.00			5		2.5t
		H26	H26	>0.20~0.50			3		
				>0.50~1.50	175~225	150	3		
				>1.50~3.00			3		
		H28	H28	>0.20~1.50	195	170	2		

续附录Ⅵ

牌号	包铝分类	供应状态	试样状态	厚度①/mm	抗拉强度②R_m/MPa	规定非比例延伸强度②$R_{p0.2}$/MPa	断后伸长率/%		弯曲半径④
							A_{50mm}	$A_{5.65}^③$	
						不小于			
3102		H18	H18	>0.20~0.50	160		3		
				>0.50~3.00			2		
5182		O	O	>0.20~0.50	255~315	110	11		1.0t
		H111	H111	>0.50~1.50			12		1.0t
				>1.50~3.00			13		1.0t
		H19	H19	>0.20~0.50	380	320	1		
				>0.50~1.50			1		
5A03		O	O	>0.50~4.50	195	100	16		
		H14 H24 H34	H14 H24 H34	>0.50~4.50	225	195	8		
		H112	H112	>4.50~10.00	185	80	16		
				>10.00~12.50	175	70	13		
				>12.50~25.00	175	70		13	
				>25.00~50.00	165	60		12	
		F		>4.50~150.00					
5A05		O	O	0.50~4.50	275	145	16		
		H112	H112	>4.50~10.00	275	125	16		
				>10.00~12.50	265	115	14		
				>12.50~25.00	265	115		14	
				>25.00~50.00	255	105		13	
		F		>4.50~150.00					

牌号	包铝分类	供应状态	试样状态	厚度①/mm	抗拉强度②R_m/MPa	规定非比例延伸强度②$R_{p0.2}$/MPa	断后伸长率/%		弯曲半径④
							A_{50mm}	$A^{③}_{5.65}$	
					不小于				
5A06	工艺包铝	O	O	0.50~4.50	315	155	16		
		H112	H112	>4.50~10.00	315	155	16		
				>10.00~12.50	305	145	12		
				>12.50~25.00	305	145		12	
				>25.00~50.00	295	135		6	
		F		>4.50~150.00					
5082		H18 H38	H18 H38	>0.20~0.50	335		1		
		H19 H39	H19 H39	>0.20~0.50	355		1		
		F		>4.50~150.00					
5005		O	O	>0.20~0.50	100~145	35	15		0t
		H111	H111	>0.50~1.50			19		0t
				>1.50~3.00			20		0t
				>3.00~6.00			22		1.0t
				>6.00~12.50			24		1.5t
				>12.50~50.00				20	

续附录Ⅵ

牌号	包铝分类	供应状态	试样状态	厚度①/mm	抗拉强度②R_m/MPa	规定非比例延伸强度②$R_{p0.2}$/MPa	断后伸长率/%		弯曲半径④
							A_{50mm}	$A_{5.65}^{③}$	
						不小于			
5005		H12	H12	>0.20~0.50	125~165	95	2		0t
				>0.50~1.50			2		0.5t
				>1.50~3.00			4		1.0t
				>3.00~6.00			5		1.0t
		H14	H14	>0.20~0.50	145~185	120	2		0.5t
				>0.50~1.50			2		1.0t
				>1.50~3.00			3		1.0t
				>3.00~6.00			4		2.0t
		H16	H16	>0.20~0.50	165~205	145	1		1.0t
				>0.50~1.50			2		1.5t
				>1.50~3.00			3		2.0t
				>3.00~4.00			3		2.5t
		H18	H18	>0.20~0.50	185	165	1		1.5t
				>0.50~1.50			2		2.5t
				>1.50~3.00			2		3.0t
		H22	H22	>0.20~0.50	125~165	80	4		0t
		H32	H32	>0.50~1.50			5		0.5t
				>1.50~3.00			6		1.0t
				>3.00~6.00			8		1.0t
		H24	H24	>0.20~0.50	145~185	110	3		0.5t
		H34	H34	>0.50~1.50			4		1.0t
				>1.50~3.00			5		1.0t
				>3.00~6.00			6		2.0t
		H26	H26	>0.20~0.50	165~205	135	2		1.0t
		H36	H36	>0.50~1.50			3		1.5t
				>1.50~3.00			4		2.0t
				>3.00~4.00			4		2.5t
		H28	H28	>0.20~0.50	185	160	1		1.5t
		H38	H38	>0.50~1.50			2		2.5t
				>1.50~3.00			3		3.0t
		H112	H112	>6.00~12.50	115		8		
				>12.50~40.00	105			10	
				>40.00~80.00	100			16	
		F		>2.50~150.00					

牌号	包铝分类	供应状态	试样状态	厚度① /mm	抗拉强度② R_m /MPa	规定非比例延伸强度② $R_{p0.2}$ /MPa	断后伸长率/% A_{50mm}	$A^{③}_{5.65}$	弯曲半径④
						不小于			
5052		O	O	>0.20~0.50			12		0t
				>0.50~1.50			14		0t
		H111	H111	>1.50~3.00	170~ 215	65	16		0.5t
				>3.00~6.00			18		1.0t
				>6.00~12.50			19		2.0t
				>12.50~50.00				18	
		H12	H12	>0.20~0.50	210~ 260	160	4		
				>0.50~1.50			5		
				>1.50~3.00			6		
				>3.00~6.00			8		
		H14	H14	>0.20~0.50	230~ 280	180	3		
				>0.50~1.50			3		
				>1.50~3.00			4		
				>3.00~6.00			4		
		H16	H16	>0.20~0.50	250~ 300	210	2		
				>0.50~1.50			3		
				>1.50~3.00			3		
				>3.00~4.00			3		
		H18	H18	>0.20~0.50	270	240	1		
				>0.50~1.50			2		
				>1.50~3.00			2		
		H22	H22	>0.20~0.50	210~ 260	130	5		0.5t
		H32	H32	>0.50~1.50			6		1.0t
				>1.50~3.00			7		1.5t
				>3.00~6.00			10		1.5t
		H24	H24	>0.20~0.50	230~ 280	150	4		0.5t
		H34	H34	>0.50~1.50			5		1.5t
				>1.50~3.00			6		2.0t
				>3.00~6.00			7		2.5t
		H26	H26	>0.20~0.50	250~ 300	180	3		1.5t
		H36	H36	>0.50~1.50			4		2.0t
				>1.50~3.00			5		3.0t
				>3.00~4.00			6		3.5t
		H38	H38	>0.20~0.50	270	210	3		
				>0.50~1.50			3		
				>1.50~3.00			4		
		H112	H112	>6.00~12.50	190	80	7		
				>12.50~40.00	170	70		10	
				>40.00~80.00	170	70		14	
		F		>2.50~150.00					

牌号	包铝分类	供应状态	试样状态	厚度① /mm	抗拉强度② R_m /MPa	规定非比例延伸强度② $R_{p0.2}$ /MPa	断后伸长率/%		弯曲半径④
							A_{50mm}	$A_{5.65}^{③}$	
						不小于			
5083		O	O	>0.20~0.50	275~350	125	11		0.5t
				>0.50~1.50			12		1.0t
		H111	H111	>1.50~3.00			13		1.0t
				>3.00~6.00			15		1.5t
				>6.00~12.50			16		2.5t
				>12.50~50.00				15	
				>50.00~80.00	270~345	115		14	
		H12	H12	>0.20~0.50	315~375	250	3		
				>0.50~1.50			4		
				>1.50~3.00			5		
				>3.00~6.00			6		
		H14	H14	>0.20~0.50	340~400	280	2		
				>0.50~1.50			3		
				>1.50~3.00			3		
				>3.00~6.00			3		
		H16	H16	>0.20~0.50	360~420	300	1		
				>0.50~1.50			2		
				>1.50~3.00			2		
				>3.00~4.00			2		
		H22	H22	>0.20~0.50	305~380	215	5		0.5t
		H32	H32	>0.50~1.50			6		1.5t
				>1.50~3.00			7		2.0t
				>3.00~6.00			8		2.5t
		H24	H24	>0.20~0.50	340~400	250	4		1.0t
		H34	H34	>0.50~1.50			5		2.0t
				>1.50~3.00			6		2.5t
				>3.00~6.00			7		3.5t
		H26	H26	>0.20~0.50	360~420	280	2		
		H36	H36	>0.50~1.50			3		
				>1.50~3.00			3		
				>3.00~4.00			3		
		H112	H112	>6.00~12.50	275	125	12		
				>12.50~40.00	275	125		10	
				>40.00~50.00	270	115		10	
		F		>4.50~150.00					

牌号	包铝分类	供应状态	试样状态	厚度①/mm	抗拉强度②R_m/MPa	规定非比例延伸强度②$R_{p0.2}$/MPa	断后伸长率/%		弯曲半径④
							A_{50mm}	$A_{5.65}^③$	
					不小于				
5086		O	O	>0.20~0.50			11		0.5t
		H111	H111	>0.50~1.50	240~310	100	12		1.0t
				>1.50~3.00			13		1.0t
				>3.00~6.00			15		1.5t
				>6.00~12.50			17		2.5t
				>12.50~80.00				16	
		H12	H12	>0.20~0.50	275~335	200	3		
				>0.50~1.50			4		
				>1.50~3.00			5		
				>3.00~6.00			6		
		H14	H14	>0.20~0.50	300~360	240	2		
				>0.50~1.50			3		
				>1.50~3.00			3		
				>3.00~6.00			3		
		H16	H16	>0.20~0.50	325~385	270	1		
				>0.50~1.50			2		
				>1.50~3.00			2		
				>3.00~4.00			2		
		H18	H18	>0.20~0.50	345	290	1		
				>0.50~1.50			1		
				>1.50~3.00			1		
		H22	H22	>0.20~0.50	275~335	185	5		0.5t
		H32	H32	>0.50~1.50			6		1.5t
				>1.50~3.00			7		2.0t
				>3.00~6.00			8		2.5t
		H24	H24	>0.20~0.50	300~360	220	4		1.0t
		H34	H34	>0.50~1.50			5		2.0t
				>1.50~3.00			6		2.5t
				>3.00~6.00			7		3.5t
		H26	H26	>0.20~0.50	325~385	250	2		
		H36	H36	>0.50~1.50			3		
				>1.50~3.00			3		
				>3.00~4.00			3		
		H112	H112	>6.00~12.50	250	105	8		
				>12.50~40.00	240	105		9	
				>40.00~50.00	240	100		12	
		F		>4.50~150.00					

牌号	包铝分类	供应状态	试样状态	厚度① /mm	抗拉强度② R_m /MPa	规定非比例延伸强度② $R_{p0.2}$ /MPa	断后伸长率/% A_{50mm}	断后伸长率/% $A_{5.65}^{③}$	弯曲半径④
						不小于			
6061		O	O	0.40~1.50	≤150	≤85	14		0.5t
				>1.50~3.00			16		1.0t
				>3.00~6.00			19		1.0t
				>6.00~12.50			16		2.0t
				>12.50~25.00				16	
		O	T42⑤	0.40~1.50	205	95	12		1.0t
				>1.50~3.00			14		1.5t
				>3.00~6.00			16		3.0t
				>6.00~12.50			18		4.0t
				>12.50~40.00				15	
		T62⑤		0.40~1.50	290	240	6		2.5t
				>1.50~3.00			7		3.5t
				>3.00~6.00			10		4.0t
				>6.00~12.50			9		5.0t
				>12.50~40.00				8	
		T4	T4	0.40~1.50	205	110	12		1.0t
				>1.50~3.00			14		1.5t
				>3.00~6.00			16		3.0t
				>6.00~12.50			18		4.0t
		T6	T6	0.40~1.50	290	240	6		2.5t
				>1.50~3.00			7		3.5t
				>3.00~6.00			10		4.0t
				>6.00~12.50			9		5.0t
		F		>2.50~150.00					
6063		O	O	0.50~5.00	≤130		20		
				>5.00~12.50			15		
				>12.50~20.00				15	
		T62⑤		0.50~5.00	230	180	8		
				>5.00~12.50	220	170	6		
				>12.50~20.00	220	170	6		
		T4	T4	0.50~5.00	150		10		
				5.00~10.00	130		10		
		T6	T6	0.50~5.00	240	190	8		
				>5.00~10.00	230	180	8		

牌号	包铝分类	供应状态	试样状态	厚度①/mm	抗拉强度②R_m/MPa	规定非比例延伸强度②$R_{p0.2}$/MPa	断后伸长率/%		弯曲半径④
							A_{50mm}	$A_{5.65}^{③}$	
					不小于				
6A02		O	O	>0.50~4.50	≤145		21		
				>4.50~10.00			16		
			T62⑤	>0.50~4.50	295		11		
				>4.50~10.00			8		
		T4	T4	>0.50~0.80	195		19		
				>0.80~3.00			21		
				>3.00~4.50			19		
				>4.50~10.00	175		17		
		T6	T6	>0.50~4.50	295		11		
				>4.50~10.00			8		
		H112	T62	>4.50~12.50	295		8		
				>12.50~25.00	295			7	
				>25.00~40.00	285			6	
				>40.00~80.00	275			6	
			T42	>4.50~12.50	175		17		
				>12.50~25.00	175			14	
				>25.00~40.00	165			12	
				>40.00~80.00	165			10	
			F	>4.50~150.00					

续附录Ⅵ

牌号	包铝分类	供应状态	试样状态	厚度①/mm	抗拉强度②R_m/MPa	规定非比例延伸强度②$R_{p0.2}$/MPa	断后伸长率/%		弯曲半径④
							A_{50mm}	$A^{③}_{5.65}$	
						不小于			
6082		O		0.40~1.50	≤150	≤85	14		0.5t
				>1.50~3.00			16		1.0t
				>3.00~6.00			18		1.5t
				>6.00~12.50			17		2.5t
				>12.50~25.00	≤155			16	
		O	T42⑤	0.40~1.50	205	95	12		1.5t
				>1.50~3.00			14		2.0t
				>3.00~6.00			15		3.0t
				>6.00~12.50			14		4.0t
				>12.50~25.00				13	
			T62⑤	0.40~1.50	310	260	6		2.5t
				>1.50~3.00			7		3.5t
				>3.00~6.00			10		4.5t
				>6.00~12.50	300	255	9		6.0t
				>12.50~25.00	295	240		8	
		T4	T4	0.40~1.50	205	110	12		1.5t
				>1.50~3.00			14		2.0t
				>3.00~6.00			15		3.0t
				>6.00~12.50			14		4.0t
		T6	T6	0.40~1.50	310	260	6		2.5t
				>1.50~3.00			7		3.5t
				>3.00~6.00			10		4.5t
				>6.00~12.50	300	255	9		6.0t
		F		>4.50~150.00					

牌号	包铝分类	供应状态	试样状态	厚度①/mm	抗拉强度②R_m/MPa	规定非比例延伸强度②$R_{p0.2}$/MPa	断后伸长率/%		弯曲半径④
							A_{50mm}	$A^{③}_{5.65}$	
					不小于				
7075	正常包铝	O	O	>0.50~1.50	≤250	≤140	10		
				>1.50~4.00	≤260	≤140	10		
				>4.00~12.50	≤270	≤145	10		
				>12.50~25.00	≤275			9	
		O	T62⑤	>0.50~1.00	485	415	7		
				>1.00~1.50	495	425	8		
				>1.50~4.00	505	435	8		
				>4.00~6.00	515	440	8		
				>6.00~12.50	515	445	9		
				>12.50~25.00	540	470		6	
		T6	T6	>0.50~1.00	485	415	7		
				>1.00~1.50	495	425	8		
				>1.50~4.00	505	435	8		
				>4.00~6.00	515	440	8		
		F		>6.00~100.00					
	不包铝或工艺包铝	O	O	>0.50~12.50	≤275	≤145	10		
				>12.50~50.00	≤275			9	
		O	T62⑤	>0.50~1.00	525	460	7		
				>1.00~3.00	540	470	8		
				>3.00~6.00	540	475	8		
				>6.00~12.50	540	460	9		
				>12.50~25.00	540	470		6	
				>25.00~50.00	530	460		5	
		T6	T6	>0.50~1.00	525	460	7		
				>1.00~3.00	540	470	8		
				>3.00~6.00	540	475	8		
		F		>6.00~100.00					

续附录Ⅵ

牌号	包铝分类	供应状态	试样状态	厚度①/mm	抗拉强度② R_m/MPa	规定非比例延伸强度② $R_{p0.2}$/MPa	断后伸长率/% A_{50mm}	$A_{5.65}$③	弯曲半径④
							不小于		
8A06		O	O	>0.20~0.30	≤110		16		
				>0.30~0.50			21		
				>0.50~0.80			26		
				>0.80~10.00			30		
		H14 H24	H14 H24	>0.20~0.30	100		1		
				>0.30~0.50			3		
				>0.50~0.80			4		
				>0.80~1.00			5		
				>1.00~4.50			6		
		H18	H18	>0.20~0.30	135		1		
				>0.30~0.80			2		
				>0.80~4.50			3		
		H112	H112	>4.50~10.00	70		19		
				>10.00~12.50	80		19		
				>12.50~25.00	80			19	
				>25.00~80.00	65			16	
		F		>2.50~150.00					
8011A		O	O	>0.20~0.50	80~130	30	19		
		H111	H111	>0.50~1.50			21		
				>1.50~3.00			24		
		H14	H14	>0.20~0.50	125~165	110	2		
				>0.50~3.00			3		
		H24	H24	>0.20~0.50	125~165	100	3		
				>0.50~1.50			4		
				>1.50~3.00			5		
		H18	H18	>0.20~0.50	165	145	1		
				>0.50~3.00			2		

①厚度大于40mm的板材，表中数值仅供参考。当需方要求时，供方提供中心层试样的实测结果。

②1050、1060、1070、1035、1235、1145、1100、8A06合金的抗拉强度上限值及规定非比例延伸强度对H22、H24、H26状态的材料不适用。

③$A_{5.65}$表示原始标距（L_0）为5.65的断后伸长率。

④3105、3102、5182板、带材弯曲180°，其他板、带材弯曲90°。t为板或带材的厚度。

⑤2×××系、6×××系、7×××系合金以O状态供货时，其T42、T62状态性能仅供参考。

参 考 文 献

[1] 王祝堂，田荣璋. 铝合金及其加工手册[M]. 长沙：中南工业大学出版社，1989.

[2] 肖亚庆，谢水生，刘静安，等. 铝加工技术实用手册[M]. 北京：冶金工业出版社，2004.

[3] 傅祖铸. 有色金属板带材生产[M]. 长沙：中南工业大学出版社，1992.

[4] 孙建林. 轧制工艺润滑技术[M]. 北京：冶金工业出版社，2004.

[5] 娄燕雄. 轧制板形控制技术[M]. 长沙：中南工业大学出版社，1993.

[6] 胥福顺，李全，等. 冷轧铝板带材生产的板形控制[J]. 云南冶金，2006，35(1)：53~55，58.

[7] 刘静安，谢水生. 铝合金材料及其应用开发[M]. 北京：冶金工业出版社，2005.

[8] 徐乐江. 板带冷轧机板形控制与机型选择[M]. 北京：冶金工业出版社，2007.

[9] 杨守山，等. 有色金属塑性加工学[M]. 北京：冶金工业出版社，1982.

[10] 曹乃光，等. 金属塑性加工原理[M]. 北京：冶金工业出版社，1983.

[11] 王国栋. 板形控制及板形理论[M]. 北京：冶金工业出版社，1986.

[12] 赵志业. 金属塑性变形与轧制理论[M]. 北京：冶金工业出版社，1980.

[13] 刘伟，等. 高精度轧制工艺技术与生产过程检测及自动化控制实用手册[M]. 北京：北方工业出版社，2007.

[14] 黎景全. 轧制工艺参数测试技术[M]. 北京：冶金工业出版社，1984.

[15] 秦飞. 材料力学[M]. 北京：高等教育出版社，2004.

[16] 郑璇. 民用铝板、带、箔材生产[M]. 北京：冶金工业出版社，1992.

[17] 许石民，孙登月. 板带材生产工艺及设备[M]. 北京：冶金工业出版社，2008.

[18] 谢水生，刘静安，黄国杰. 铝加工生产技术500问[M]. 北京：化学工业出版社，2006.

[19] 袁志学，王淑平. 塑性变形与轧制原理[M]. 北京：冶金工业出版社，2008.

[20] 陈彦博，赵红亮，翁康荣. 有色金属轧制技术[M]. 北京：化学工业出版社，2007.

[21] 王廷溥，齐克敏. 金属塑性加工学：轧制理论与工艺[M]. 北京：冶金工业出版社，2001.

[22] 吕立华. 轧制理论基础[M]. 重庆：重庆大学出版社，1991.

[23] [苏] 采利科夫，等. 轧制原理手册[M]. 王克智等译. 北京：冶金工业出版社，1989.

[24] 王占学. 控制轧制与控制冷却[M]. 北京：冶金工业出版社，1988.

[25] 曹鸿德. 塑性变形力学基础与轧制原理[M]. 北京：机械工业出版社，1981.

[26] [苏] A. П. Грудев，В. Т. Дьлик. 轧制工艺润滑[M]. 李小玉译. 北京：冶金工业出版社，1981.

[27] 梁国明. 表面光洁度的测量[M]. 北京：中国农业机械出版社，1983.

［28］张景进．板带冷轧生产［M］．北京：冶金工业出版社，2006．

［29］崔甫．矫直原理与矫直机械［M］．北京：冶金工业出版社，2005．

［30］胥福顺，付利智．铝板带精整工序控制方法探讨［J］．世界有色金属，2006，（10）．

［31］关云山，石庆斌，等．铝板带材轧制油复合添加剂的润滑效果研究［J］．青海大学学报，2008（6）．

［32］王录，孙建林，等．轧制油中添加剂对铝板冷轧过程及成品质量的影响［J］．轻合金加工技术，2008，36：7．

［33］何定洋，刘静安．铝板带材清洗工艺探讨［J］．铝加工，2005（6）．

［34］袁驰，刘友良，等．冷轧过程中轧制油对铝材表面质量的影响［J］．轻合金加工技术，2005，33（11）．

［35］李伟．铝板带辊式矫直机主要故障的原因及对策［J］．铝加工，2008（6）．

［36］高作文，郭京林，等．铝带材拉弯矫直机力能参数选择及工艺控制［J］．轻合金加工技术，2004，32（3）．

［37］张京城．铝带拉弯矫直机组中的物理清洗［J］．有色金属加工，2003，32（5）．

［38］戴有涛．拉弯矫直技术在高精度铝板带材生产中的应用［J］．有色金属加工，2000（3）．

［39］吴建新．铝带精密纵切工艺探讨［J］．科技创新导报，2007（33）．

［40］王华春，李吉彬．冷轧表面质量控制的影响因素［J］．铝加工，2004（4）．

［41］王业科．冷轧产品的质量及质量控制［J］．钢铁技术，2004（4）．

［42］向安平．冷轧纵切机组产品表面缺陷产生原因及其控制［J］．轧钢，2006，23（3）．

［43］刘静安．浅谈中国铝及铝合金材料产业发展战略［J］．铝加工，2005．

［44］刘静安，尹晓辉．我国轧制工业的发展现状及与国际先进水平的差距［J］．有色金属加工，2008．

冶金工业出版社部分图书推荐

书　　名	定价（元）
铝加工技术实用手册	248.00
铝合金熔铸生产技术问答	49.00
铝合金材料的应用与技术开发	48.00
大型铝合金型材挤压技术与工模具优化设计	29.00
铝型材挤压模具设计、制造、使用及维修	43.00
镁合金制备与加工技术	128.00
半固态镁合金铸轧成形技术	26.00
铜加工技术实用手册	268.00
铜加工生产技术问答	69.00
铜水（气）管及管接件生产、使用技术	28.00
铜加工产品性能检测技术	36.00
冷凝管生产技术	29.00
铜及铜合金挤压生产技术	35.00
铜及铜合金熔炼与铸造技术	28.00
铜合金管及不锈钢管	20.00
现代铜盘管生产技术	26.00
高性能铜合金及其加工技术	29.00
薄板坯连铸连轧钢的组织性能控制	79.00
彩色涂层钢板生产工艺与装备技术	69.00
连续挤压技术及其应用	26.00
金属挤压理论与技术	25.00
金属塑性变形的实验方法	28.00
复合材料液态挤压	25.00
型钢孔型设计（第 2 版）	24.00
简明钣金展开系数计算手册	25.00
控制轧制控制冷却	22.00
金属塑性变形力计算基础	15.00
板带铸轧理论与技术	28.00
高精度板带轧制理论与实践	70.00
小型型钢连轧生产工艺与设备	75.00